图解 + 视频

电网企业应急救援与装备使用

国网湖北省电力有限公司安全监察部（应急管理部、保卫部）
国网湖北省电力有限公司应急培训基地
组编

人民至上
生命至上

前言

近年来，随着经济社会和科学技术的不断发展，人们的生活水平得到突飞猛进的提高，能源、安全、医疗等各个领域受到的重视程度也在逐渐提升。人类在享受科技“红利”的同时，也逐渐产生对电力、互联网等技术的依赖性。随着气候变暖加剧，地震、山体滑坡、台风、洪涝等灾害频发，给人类赖以生存的工业信息体系造成前所未有的威胁。2020年，随着新冠肺炎疫情肆虐全球，不仅对人们的生命财产安全带来严重危害，更是对社会正常运行造成了巨大的冲击。在这样的社会背景下，应急工作逐渐成为我国重点工作之一。电网企业肩负着保障民生、维持经济发展的重要职责，如何有效应对各类灾害事故、如何更加安全高效地服务全社会，成为企业发展不得不面对的现实问题。

党和政府高度重视应急管理、应急指挥和应急救援工作。2018年3月，国家组建了应急管理部，目的是统筹各类资源、提高对突发事件的风险管理能力。党的二十大召开后，中央明确指出，要坚持总体国家安全观，充分认识“建立大安全大应急框架”给应急管理带来的机遇和实践挑战，紧紧围绕完善体系、预防为主、专项整治、提升能力，创造性开展工作，更加精准防范化解重大安全风险，更加有效应对处置各类灾害事故。与此同时，相关部门相继出台《“十四五”应急救援力量建设规划》《应急管理标准化工作管理办法》

等，旨在全面加强应急能力，为全国持续稳定的安全生产提供有力保障。

电网企业的安全生产是保障电力供应、发展社会经济的重要基础，关系着国计民生。近年来，频繁发生的自然灾害严重威胁着电网安全稳定运行，区域性停电的风险有所增长，这对于国家的长治久安和“六稳”“六保”大局是非常不利的。新形势下，全社会也对电网企业所承担的责任、对企业的应急体系建设有了新的要求。为了加强和规范电网企业应急管理和应急综合能力提升的培训工作，国网湖北省电力有限公司安全监察部、国网湖北省电力有限公司应急培训基地依照《中华人民共和国安全生产法》《中华人民共和国突发事件应对法》，结合电网企业生产运行的特点，吸取过去十年电网企业应急管理经验和教训，组织编写了《电网企业应急救援与装备使用》，旨在通过图文参考、视频观看教学等方式，对应急救援现场工作和应急培训工作做出技术指导。本书可用作为电网企业各级应急管理人员、应急指挥人员和电网企业员工及社会民间救援人员的培训用书。

鉴于编者水平有限，本书不足之处在所难免，恳请读者批评指正。

编 者

2023年7月

目录

电网企业应急管理知识

应急技能项目图解

移动应急单兵项目图解

典型事故案例处置与分析

一、电网企业突发事件基本概念

本章系统介绍了电网企业应急管理的相关内容和工作实践。首先，对突发事件的基本概念、突发事件类型和突发事件分级以及电网企业突发事件特征进行了介绍，便于理解电网企业突发事件的基本内涵，为更好理解应急管理工作打下基础。其次，详细介绍和分析了电网企业突发事件应急管理体系，从组织体系、制度体系和预案体系3个方面进行总结和归纳，便于读者建立对电网应急管理的基本认识和框架，对应急管理所涉及的重要方面有更清晰和深刻的认识。最后，本章对突发事件应急工作流程进行了阐述，从实践层面对应急工作所涉及的应急预警、应急响应、应急救援等工作进行讲解，并在最后详细分析与总结了随州“8·12”特大暴雨灾害事件应急实践所暴露的问题和经验教训，便于读者深刻领会应急管理工作的重要意义，培养系统的、全方位的应急管理思维。

突发事件应急处置现场

1. 突发事件基本术语

突发事件

综合当今人们对突发事件的认知，根据我国《中华人民共和国突发事件应对法》的相关界定，突发事件是指突然发生，造成或可能造成严重社会危害，需要采取应急处置措施予以应对的自然灾害、事故灾害、公共卫生事件和社会安全事件，通常伴有突发性、破坏性、不稳定性等特点。

电网企业突发事件

指突然发生，造成或者可能造成人员伤亡、电力设备损坏、电网大面积停电、环境破坏等危及电网企业、社会公共安全稳定，需要采取应急处置措施予以应对的紧急事件。

2. 突发事件类型

根据《国家突发公共事件总体应急预案》根据突发公共事件的发生过程、性质和机理，突发公共事件主要分为以下四类：

突发公共事件分类示意

（1）自然灾害。

主要包括水旱灾害，气象灾害，地震灾害，地质灾害，海洋灾害，生物灾害和森林草原火灾等。

（2）事故灾难。

主要包括工矿商贸等企业的各类安全事故，交通运输事故，公共设施和设备事故，环境污染和生态破坏事件等。对于电网企业，高处坠落、物体打击、触电等是电力行业最主要的人身伤亡事故类型，其原因在于电力行业的作业性质包含大量高处作业及带电作业；同时，由于电力行业是人员、设备、资金和技术密集型产业，一旦发生不安全事件后，极易造成群死群伤，进一步增加了电网企业安全生产风险管控难度。

（3）公共卫生事件。

主要包括传染病疫情，群体性不明原因疾病，食品安全和职业危害，动物疫情，以及其他严重影响公众健康和生命安全的事件。

（4）社会安全事件。

主要包括恐怖袭击事件，突发群体事件、突发新闻事件和涉外突发事件等。

电网企业最为普遍和常用的突发公共事件主要有：

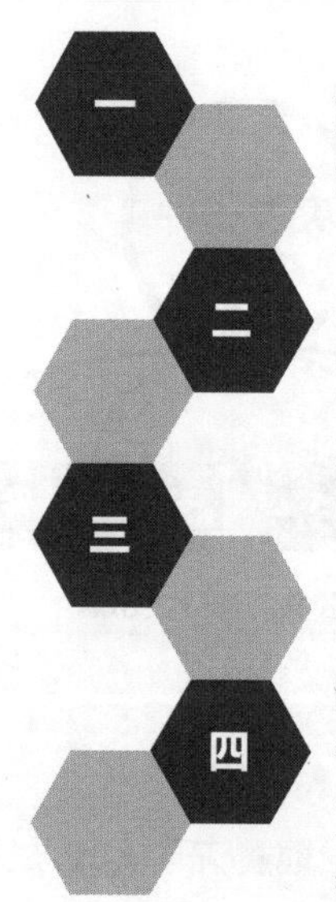

自然灾害引发的电力系统突发灾害

主要指极端气候灾害、地质灾害等造成的大面积电力设施损坏。

因电力设施受到外力损坏或破坏、自身发生故障和设备缺陷引发的电力系统灾害

有电力系统一次设备受到破坏，其控制、保护设备故障引发系统事故，或者电力系统控制、保护设备存在缺陷不能正确发动引发的重大电网和设备事故。

操作和运行人员过失引发的电力系统灾害

指运行和维护人员误操作或处置不当，导致或扩大电力系统发生电网和设备事故。

电力系统次生灾害，由电力系统突发灾害引起的次生灾害

包括事故如对城市轨道交通、高危化工企业、新闻广播电视和医院、军队、等重要电力用户的正常供电而使国家安全和社会秩序受到较大危害和影响。

3. 电网企业突发事件分级

根据电网停电范围和事故严重程度，突发事件的分级标准按照《安全生产事故报告和调查处理条例》《电力安全事故应急处置和调查处理条例》等行政法规和国家电网公司相关规定、标准要求，我国将电网企业突发事件分为特别重大安全事故、重大安全事故、较大安全事故以及一般安全事故四个状态等级。

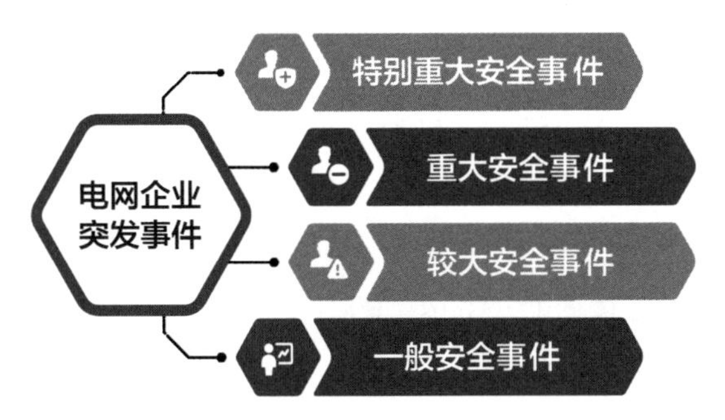

电网企业突发事件分级示意

（1）特别重大事件。

● 造成30人以上死亡（含失踪），或危及30人以上生命安全，或1亿元以上直接经济损失，或100人以上中毒（重伤），或需要紧急转移安置5000人以上的安全事故。

● 造成区域电网减供负荷达到事故前总负荷的30%以上，造成城区减供负荷达到事故前总负荷的50%以上；或因重要发电厂、变电站、输变电设备遭受毁灭性破坏或打击，造成区域电网大面积停电，减供负荷达到事故前的20%以上，对区域电网安全稳定运行构成严重威胁。

（2）重大安全事件。

● 造成10人以上、30人以下死亡（含失踪），或危及10人以上、30人以下生命安全，或直接经济损失5000万元以上、1亿元以下的事故，或50人以上，100人以下中毒（重伤），或需紧急转移安置3000人以上、5000人以下的事故。

● 造成跨区电网或区域电网减供负荷达到事故前总负荷的10%以上、30%以下，或造成城区减供负荷达到事故前总负荷的20%以上、50%以下。

（3）较大安全事件。

● 造成3人以上、10人以下死亡（失踪），或危及3人以上、10人以下生命安全，或直接经济损失在100万元以上、5000万元以下的事故，或10人以上、50人以下中毒（重伤），或需紧急转移安置1000人以上、3000人以下的事故。

● 造成跨电区电网或区域电网减供负荷达到事故前总负荷的5%以上、10%以下，或造成城区减供负荷达到事故前总负荷的10%以上、20%以下的事故。

（4）一般安全事件。

● 造成3人以下死亡（失踪），或危及3人以下生命安全，或直接经济损失在100万元以下的事故，或10人以下中毒（重伤）；或需紧急转移安置1000人以下的事故。

● 造成跨电区电网或区域电网减供负荷达到事故前总负荷的5%以下，或造成城区减供负荷达到事故前总负荷的10%以下的事故。

4. 电网企业突发事件特征

与常规事件相比，电网企业突发事件具有以下几个主要特点：

（1）不确定性。电网突发事件具有明显的不确定性，具体包括情景的不确定性和应急响应结构的不确定性。情景的不确定性表现为发生时间的不可预期性、发生地点的地形地质的复杂性、致灾因子的多样性、灾害状况的差异性、天气条件的变动性；应急响应结构的不确定性是由情景的不确定性所引发的，地点的复杂性和天气条件的变动性引起运输方式的不确定性，地点的复杂性和灾害状况的差异性引起应急主体的不确定性，时间、地点、致灾因子、灾害状况、天气条件的不确定性共同影响应急资源种类与数量的不确定性。

（2）复杂性。电网突发事件的复杂性包括四个方面：情景、应急主体和应急资源的复杂性以及应急过程的复杂性。引发电网突发事件的原因包括台风、暴雨、雷电、冰雪、磁暴、火灾等，这导致电网突发事件情景中的致灾因子具有复杂性；电网系统包括发电站、变电站、配电站、杆塔和输电线路等类型众多的电力设施和电力设备，而且每种设备元件具有型号多样性和结构复杂性，这造成了电网突发事件情景中承灾体的复杂性。

（3）紧迫性。大多数电网突发事件演变复杂，社会经济影响较大，而且应急救援涉及的人员众多、资源巨大、过程复杂。为了防止电网突发事件进一步发展演变并导致次生灾害的发生，最大限度地减少电网突发事件造成的损失，应急救援人员需要及时、快速、科学、高效地开展应急救援工作，并在最小时间内达到应急响应目标与效果。

（4）衍生性。电网企业突发事件的发生会给社会造成不同程度的危害，电网是一个完整的系统，往往电网企业突发事件的发生会具有连带效应。由于电网的紧密联系决定了局部的突发事件可能导致更大范围内的连带反应，并且蔓延速度快，如果不及时有效地采取措施，必定会造成事故的进一步恶化。由于电力突发事件引发次生或衍生事故，导致更大的损失和危机。

二、电网企业应急管理体系

1. 电网企业应急组织体系

电力行业结合应急处置工作实际，坚持关口前移，全面做好突发事件预防工作，建立了覆盖“预防与应急准备、应急预警、应急响应管理、抢修复电和应急信息管理”应急全过程的应急工作机制。

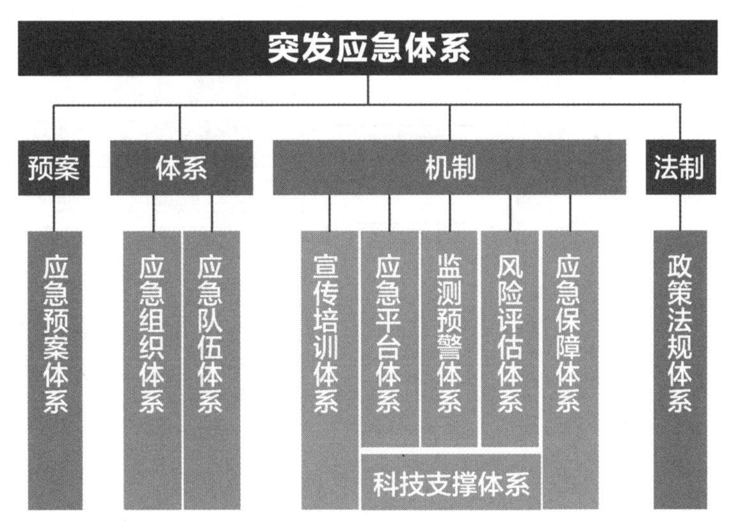

电网企业应急管理体系建设框架

2. 电网企业应急制度体系

《电力安全事故应急处置和调查处理条例》于2011年6月15日国务院第159次常务会议通过，自2011年9月1日起施行。共分六章37条，从总则、事故报告、事故应急处置、事故调查处理、法律责任、附则等六方面做出了明确规定。

国家能源局2014年下发的《电力企业应急预案管理办法》（国能安全〔2014〕508号）及《电力企业应急预案评审和备案细则》（国能综安全〔2014〕953号），对应急预案的编制、评审、发布、备案、培训、演练和修订等提出明确要求。

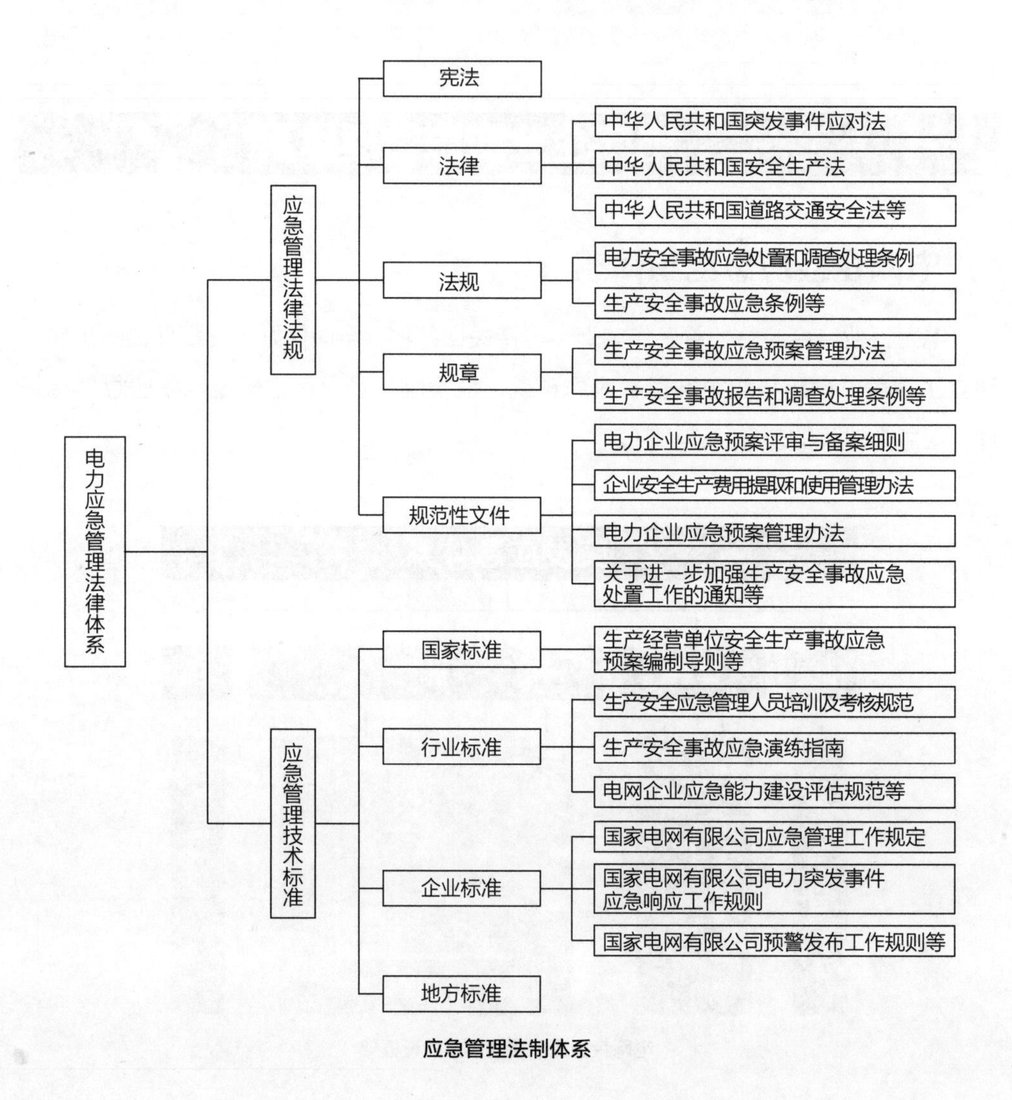

应急管理法制体系

● 国家能源局负责对电力企业应急预案管理工作进行监督和指导，其派出机构在授权范围内，负责对辖区内电力企业应急预案管理工作进行监督和指导；

● 电力企业是应急预案管理工作的责任主体，应当按照《电力企业应急预案管理办法》的规定，建立健全应急预案管理制度，完善应急预案体系，规范开展应急预案的编制、评审、发布、备案、培训、演练、修订等工作，保障应急预案的有效实施。

3. 电网企业应急预案体系

应急预案是电网企业根据发生和可能发生的突发事件，事先研究制订的一整套应对突发事件的方法与措施。

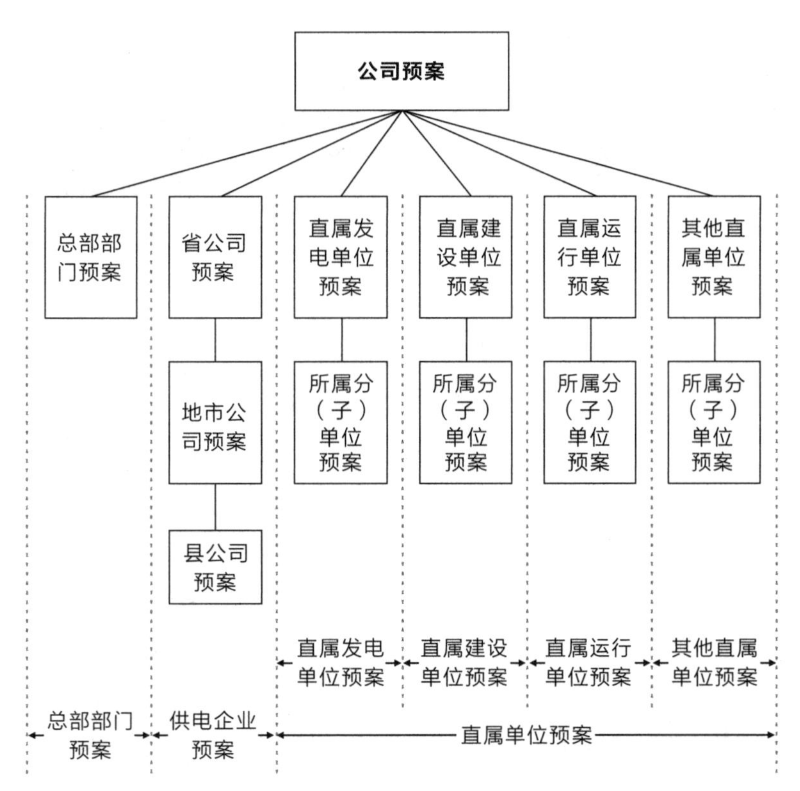

电网企业应急预案体系

三、电网企业突发事件工作流程

1. 突发事件预警流程

接到国家电网有限公司、政府相关部门预警通知，或获取到气象灾害预警信息和基层单位上报的相关信息后，分析研判可能造成本专业突发事件发生的趋势和危害程度，向所在公司应急办提出预警申请。

预警内容包括突发事件名称、预警级别、预警区域或场所、预警期起始时间、影响估计及应对措施、发布单位和时间等。收到预警申请后，电网企业应急办组织相关部门开展会商，提出预警建议报请电网企业应急领导小组批准。

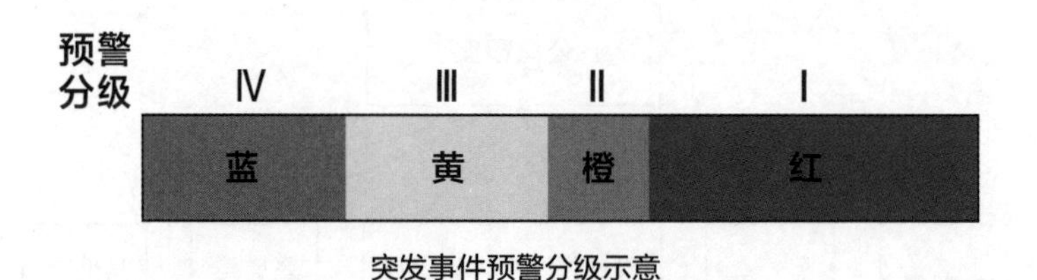

突发事件预警分级示意

预警级别分为Ⅰ级、Ⅱ级、Ⅲ级和Ⅳ级，分别用红色、橙色、黄色和蓝色标示，Ⅰ级为最高级别。其中红色、橙色预警通知由电网企业分管领导批准发布，黄色、蓝色预警通知由电网企业相关副总师或应急办主任批准发布。预警通知可通过传真、综合短信平台（微信）、安监一体化平台、应急管理系统等方式发布。进入预警期后，电网企业本部、各有关单位根据实际情况，分析研判，主动采取避险措施，并按照专业管理和分级负责的原则，立即采取相应预警行动。

2. 突发事件响应流程

突发事件发生后，事发单位按照本单位相应预案启动应急响应，先期处置并向上级单位上报信息。先期处置包括立即组织营救受伤害人员，疏散、撤离、安置受到威

胁的人员，控制危险源，标明危险区域，封锁危险场所，控制事态发展，防止危害扩大，本单位问题或人员引发的社会安全事件，派出负责人劝解、疏导，做好舆情应对等内容。原则上应急响应也可分为Ⅰ级、Ⅱ级、Ⅲ级、Ⅳ级四个等级，Ⅰ级为最高级别，根据不同响应级别，开展不同处置措施。Ⅰ、Ⅱ级响应报公司董事长、总经理批准，Ⅲ级应急响应报公司分管领导批准，Ⅳ级应急响应经专项应急办牵头部门主任批准。

3. 突发事件应急救援流程

发生突发事件时，电网企业各级应急领导机构根据情况需要，申请地方政府启动社会应急机制，组织开展应急救援与处置工作；或根据地方政府的要求，积极参与社会应急救援，保证突发事件抢险和应急救援的电力供应，向政府抢险救援指挥机构、灾民安置点、医院等重要场所提供电力保障。应急救援包括现场救援、现场处置、信息报送和信息披露等关键环节，现场救援时应急基干队伍携带必需的应急装备、工器具迅速抵达现场，勘查现场情况，及时反馈信息；并立即组织开展现场人员自救互救、疏散、撤离、人员安置等应急救援工作；同时配置相应的设备设施，迅速搭建前方指挥部，建立与后方指挥部的通信联系，救援方案应考虑不同条件下的危险因素和困难，经专家论证后按制定的方案进行应急救援。信息报送工作在突发事件发生后，事发单位应及时收集相关信息并及时对口上报上级主管部门，信息上报时应数据真实、口径统一。信息披露可通过电网企业网站、当地主流媒体（如联系电视台做滚动字幕，在后期黄金时间播出等）、新闻发布会、95598电话告知、短信群发、电话录音告知、电网企业官方微博/微信等形式。

4．突发事件典型案例启示

随州“8·12”特大暴雨灾害事件

一、灾害情况

2021年8月11日至12日，湖北省随县柳林镇发生极端强降雨天气。从11日21时至12日9时，柳林镇累计降雨503毫米，12日4时至7时降雨量达373.7毫米，5时、6时连续两个小时降雨量超过100毫米，均为有气象记录以来的历史极值。柳林镇镇区三面环山，平均积水深度达3.5米，最深处达5米。

“8·12”特大暴雨事件商铺受损图

据初步排查，此轮强降雨造成柳林镇8000余人受灾，21人死亡、4人失联；受淹、受损房屋商铺2700余间，其中倒塌221间；冲毁道路11.3千米、桥梁63座、电力通信线杆725根，镇区电力、通信中断。

“8 · 12”特大暴雨事件电力线路受损

二、应急处置过程

属地省电力公司安全应急办在收到湖北省气象服务中心天气预测信息后，于8月11日10:00发布蓝色暴雨预警通知，要求各单位密切关注天气变化，按照预警要求，严格落实预警行动措施。

8月11日8时至12日08时，随州随南地区再次遭受暴雨和大暴雨袭击，短期强降雨达到今年最大值。最终暴雨造成数座变电站输电线路跳闸、多条配电线路停运；停电台区超过5000余个，甚至涉及多个重要用户。

8月12日8时，属地地市供电公司在获悉重要电源点设备受损情况后，立即向上级单位应急领导小组汇报，并按照湖北省应急管理厅要求，调派2辆应急发电车前往柳林和何店镇进行供电支援。

属地省电力公司应急领导小组针对随州灾情情况及发展趋势，经分析研判，下令启动公司气象灾害（暴雨）Ⅳ级应急响应。12日14时，接到湖北省气象灾害应急指挥部发布的《关于启动湖北省气象灾害（暴雨）Ⅲ级应急响应的通知》后，第一时间将响应级别提升为Ⅲ级。

属地省电力公司主要领导组织召开多次专题会议部署公司防汛抢险应急保电工作，各专业部门立即行动，迅速做好电网调度、物资保障、队伍集结等应急准备，投入力量开展应急抢修。

8月13日8:00，属地省电力公司主要领导随同时任省长前往随州柳林镇，现场指导防汛抢险保供电工作。8月15日11时，在各级供电公司和各支援单位的通力配合下，所有受灾线路及设备全部恢复供电。8月15日12时，随州柳林镇所有抢修人员均已平安撤离现场。

三、应急成效评估

（1）强化应急指挥，严格落实责任。属地省电力公司主要领导迅速奔赴重灾区抢险一线，检查督导现场指导防汛抢险保供电工作，分管领导全程指挥，指导开展应急处置及抢修工作。属地省电力公司副总经理驻守柳林县抢修现场靠前指挥督导抢修恢复工作。应急办启动应急响应，组织安监、设备、营销、物资、宣传、调度等部门在应急指挥中心开展应急会商办公及24小时值守。

（2）加快抢修恢复，跨区协同有力。属地省电力公司设备部组织所属武汉、孝感、黄冈、天门等地供电公司调拨145名应急抢修人员和部分救灾物资支援重灾区供电抢修，随州供电公司调派173人支援柳林镇。公司抢修队伍连续奋战，坚持做到“水进人退电停、水退人进电通”，连夜实施变电站排水、故障隔离等措施。公司在灾后三天内抢通全省所有受损供电设施，恢复所有停电用户。

（3）统筹救灾需求，物资配送及时。及时对接准确掌握救灾物资型号参数等现场需求，积极沟通协调落实货源，开启绿色通道，组织省中心库、地市物资库调拨大量电力保障物资和备品备件，确保物资及时供应到位，满足现场应急抢修需求。

（4）舆情应对得当，后勤保障充足。扎实开展24小时舆情监测、信息发布和正面宣传工作，滚动发布抢修恢复进展情况。在全媒体平台发稿135篇，其中，中央电视台5篇，省部级媒体33篇。在柳林镇现场设置临时充电点，为当地群众提供充电服务。后勤部指导属地供电公司累计为柳林、何店抢修现场送餐4000余份，提供口罩3500只、消毒湿巾100包、方便面50件、矿泉水105件、毛巾100条、雨衣300套，为现场抢修恢复提供了有力的后勤保障。

四、应急工作建议

（1）强化预警闭环管理。主动对接各级气象部门，指导地市公司将县级单位及专业部门人员纳入预警直报范畴，督导专业部门及时发布预警，并通过短信、微信、电话等至少两种方式发送至各单位并予以电话或书面确认。强化应急预警行动闭环管理，预警涉及的部门及单位应及时向上级单位安全应急办和专项应急办报告预警行动落实情况，并采取主动避险措施。

（2）强化事件信息报送。进一步强化突发事件信息报送，丰富数据收集渠道和手段，提高信息上报及时性、准确性。突发事件发生后，事发单位在获知事件信息15分钟内，通过电话、传真、邮件、短信等至少两种形式向上级单位安全应急办、相关专业部门及时进行信息初报，上报到上级单位安全应急办最迟不超过30分钟；并严格按照信息报送相关流程和时限要求，做好书面快报和信息续报，重大进展或突发情况随时报送。事件信息由应急办统一归口管理。

（3）优化应急处置流程。对照本次暴雨灾害事件暴露出的问题和薄弱环节，针对性修订和完善现有的强对流天气灾害处置应急预案以及配套现场处置方案及处置卡，细化应急响应启动条件，明晰应急处置流程，明确各层级责任和职责，补充针对性应急处置措施，提高突发事件处置可操作性。开展相应专项应急预案、处置方案培训和演练，提高各级人员对相关处置流程的熟练掌握程度，提升人员应急处置能力。

（4）完善应急物资储备。根据历次暴雨灾害突发事件处置典型案例，进行应急物资、抢修装备及特种装备的需求分析，配备移动变电站、UPS电源车、龙吸水、应急试验车、应急照明装置等防汛抢险保供电应急装备等特种装备及常规抢修装备，提高应急保障能力；配置卫星电话或远距离应急对讲机，采用涉水能力较强车辆或车辆加装涉水配件，提升通信能力和防汛涉水能力；加强低压电缆、箱变等使用频率较高应急物资储备力度，确保应急抢修时随时可用。做好应急物资储备进出库管理和日常维护保养，根据实际需求及时更新和补充应急装备储备。

（5）抽调后备人力资源。及时抽调社会化民工等后备人力资源，组建暴雨洪涝专项抢修支援队，高效对接各地市公司支援队伍，提前开展停电线路、停电小区及重要客户摸排，切实当好抢修“向导”，确保支援队伍来之即战。

电网企业应急管理知识

应急技能项目图解

移动应急单兵项目图解

典型事故案例处置与分析

国家电网

履行社会责任，点亮希望之光

2015年6月1日，“东方之星”号客轮在长江中游湖北省监利市水域沉没。国网湖北省电力有限公司应急基干队员第一时间组织人员参与救援，6月2日在事发地点大堤要道点亮救援现场的第一盏灯，并新架照明线路，确保前方救援用电。

一、应急照明项目图解

1. 常用应急照明装备分类

在各类突发事件的应急处置过程中，应急照明装备发挥了越来越重要的作用。根据应急照明装备的特性及使用环境的不同可分为大型自发电应急照明装备、中型自发电应急照明装备、小型自发电应急照明装备、充电式应急照明装备、单兵应急照明装备五大类。

2. 不同应急照明装备的适用场所

● 大型应急照明装备适用于大型救援、抢险救灾、防洪防汛、施工作业及大型保电现场的户外大面积泛光照明。

● 中小型应急照明装备适用于各种户外施工作业、维护抢修、事故处理、抢险救灾等作移动照明和应急照明。

● 充电式应急照明装备适用于各种中、小范围户外施工作业、维护抢修、事故处理、抢险救灾等作移动照明和应急照明。

1—大型自发电应急照明装备SFW6131；
2—中型自发电应急照明装备SFW6110B；
3—小型自发电应急照明装备SFW6132；
4—充电式应急照明装备FW6119；
5—充电式应急照明装备FW6116；
6—充电式应急照明装备FW6126；
7—LED应急帐篷照明组合箱；
8—垫板；
9—单兵应急照明装备FW6330；
10—单兵应急照明装备RJW7106；
11—单兵应急照明装备JIW5282；
12—单兵应急照明装备IW5500；
13—单兵应急照明装备MIW5130A；
14—活动扳手；
15—铁锤；
16—接地线；
17—油箱；
18—应急工具箱；
19—手套

● 单兵应急照明装备适用于夜间搜救强光照明及应急作业现场工作照明。

3. 大型自发电应急照明的使用

大型自发电应急照明灯具实物图

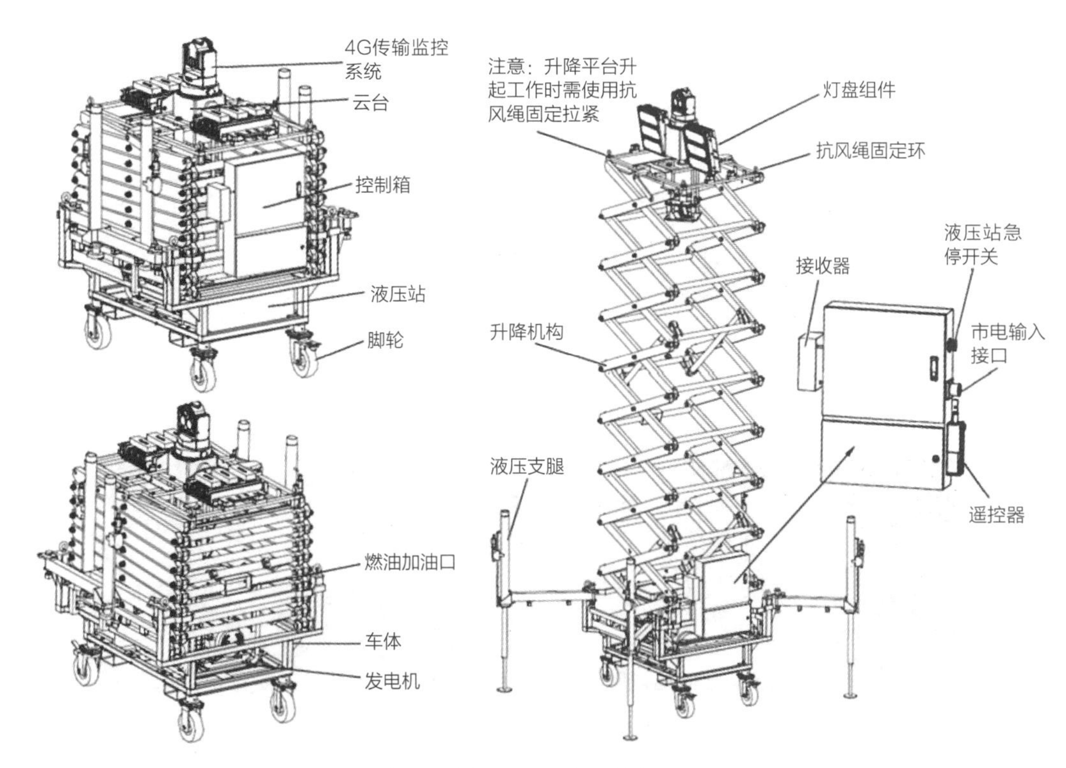

大型自发电应急照明灯具结构图

开机与关机操作步骤

（1）使用前应检查以下几个方面。

1）灯具外观有无少零部件、紧固件有无松动、电缆线有无脱落及损坏。

检查零部件

检查电缆线

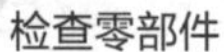

2）发电机启动蓄电池的电压，发电机正常启动电压12～13V之间。

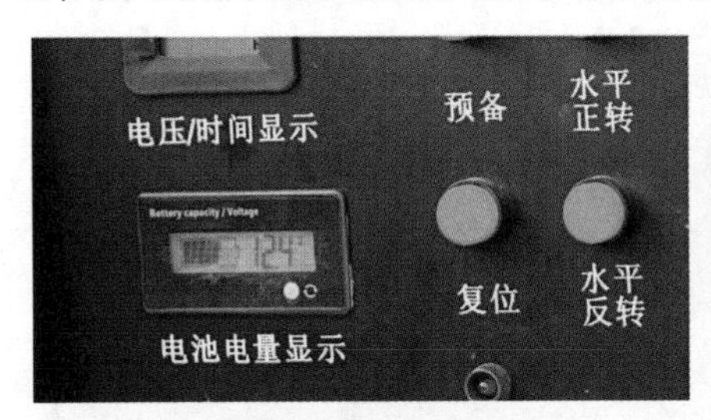

蓄电池电压

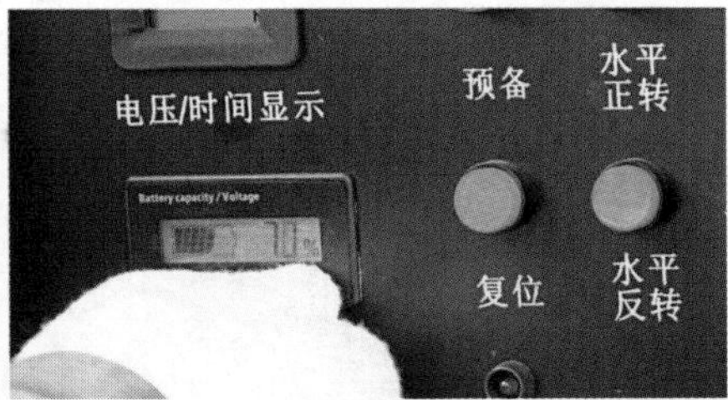

蓄电池电量

3）发电机的机油、燃油是否充足，检查机油卡尺和燃油表，不足请及时添加。

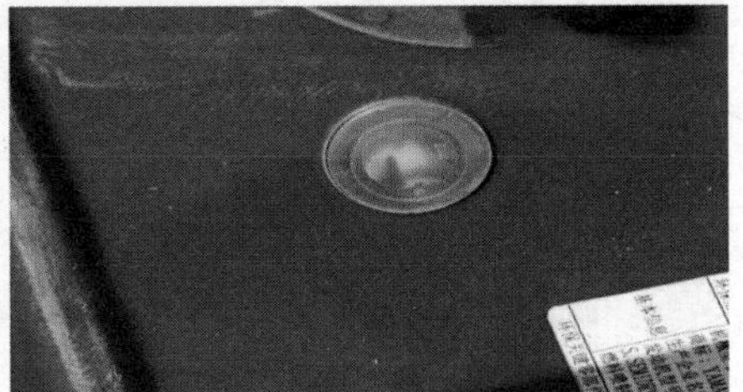

检查机油

4）液压油是否充足，检查液压油表，液压油表刻度180以上正常。

液压油表

检查液压油表

5）遥控器电池是否有电，打开遥控器开关，检查遥控器指示灯是否亮起。

开启遥控器

检查电量

（2）开机操作步骤。

1）设置安全围栏。

设置围栏

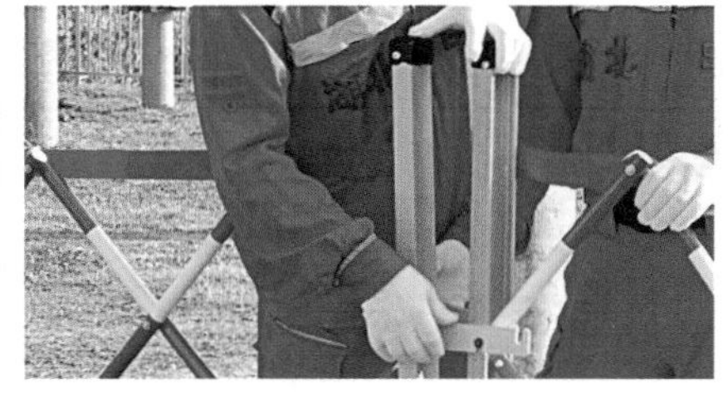

固定围栏

2）安装接地线，接地线选用16mm以上软铜线。

安装接地线

接地线接地

3）打开“蓄电池开关”查看电池电量，符合启动电压后，插入钥匙顺时针转到“开”位置，发电机启动。

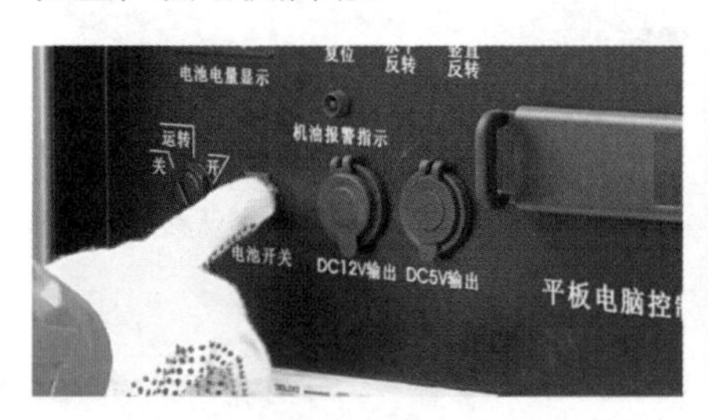

蓄电池开关

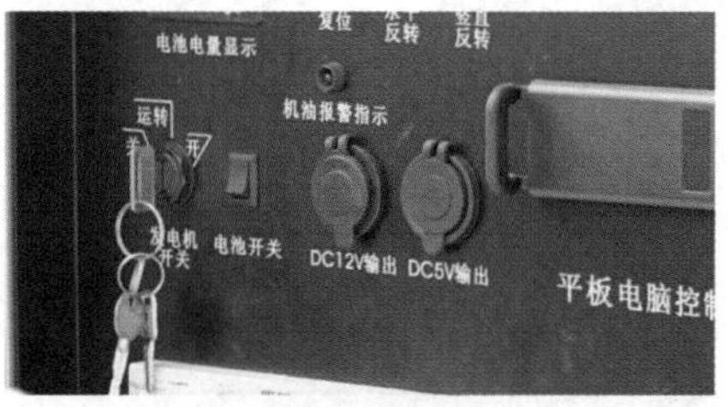

启动开关

4）依次开启发电机空气断路器、总输出空气断路器。

发电机空气断路器

总输出空气断路器

5）依次展开4条液压支腿，插入插销固定。

展开液压支腿

固定插销

6）打开遥控器开关，长按“支腿全升”按钮，4条液压支腿会慢慢向地面伸出，当4条支腿快接触到地面时，松开“支腿全升”按钮，通过“支腿1升”“支腿2升”“支腿3升”“支腿4升”4个按钮分别调节4条液压支腿，观察水平仪，确保设备水平放置。

打开遥控器开关

固定支腿

7）按控制面板上的“预备”按钮，灯头会缓慢上升，升到指定位置后，“预备”按钮亮绿灯。

预备按钮

灯头上升

8）打开控制面板上的“照明1组”“照明2组”空气开关，灯具点亮。

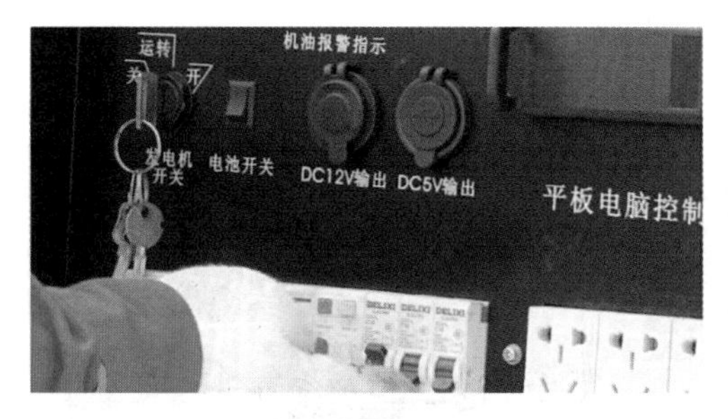

照明空气开关

点亮灯具

9）按遥控器上“灯杆上升”按钮，灯杆可以缓慢升高，升高到合适高度后，松开“灯杆上升”按钮，灯杆停止升高。

上升按钮

灯杆升高

10）按控制面板上的“水平正转”按钮、“水平反转”按钮、“竖直正转”按钮、“竖直反转”按钮，可以控制灯头上下左右转动，将灯头角度调节到需要照射的方向即可。

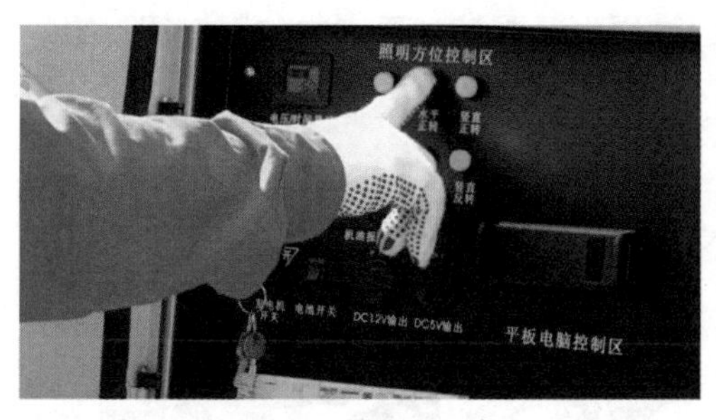

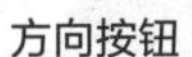
方向按钮

灯头旋转

（3）关机操作步骤。

1）按遥控器上“灯杆下降”按钮，将灯杆回收。

下降按钮

灯杆下降

2）打开遥控器开关，长按“支腿全收”按钮，4条液压支腿会同时慢慢收回，也可以在通过“支腿1收”“支腿2收”“支腿3收”“支腿4收”4个按钮分别回收4条支腿。

支腿按钮

回收支腿

3）先按控制面板上的“预备”按钮，再按控制面板上的“复位”按钮，灯头会缓慢下降，下降到指定位置后，“复位”按钮亮绿灯，再按一下“复位”按钮，绿灯熄灭。

复位按钮

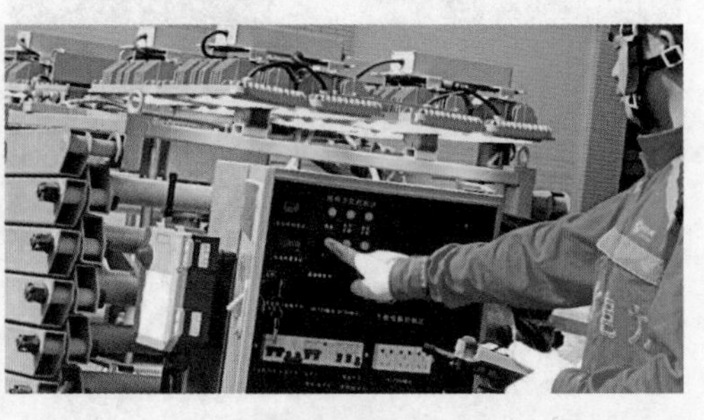
灯头复位

4）依次关闭控制面板上的“照明1组”“照明2组”空气断路器、“总输出空气断路器”“发电机空气断路器”。

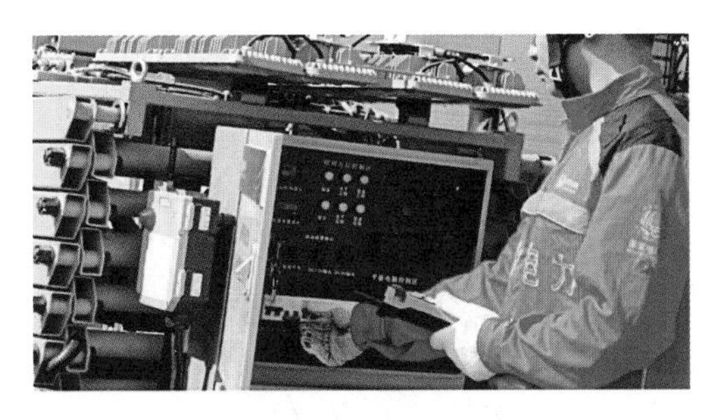
照明空气断路器

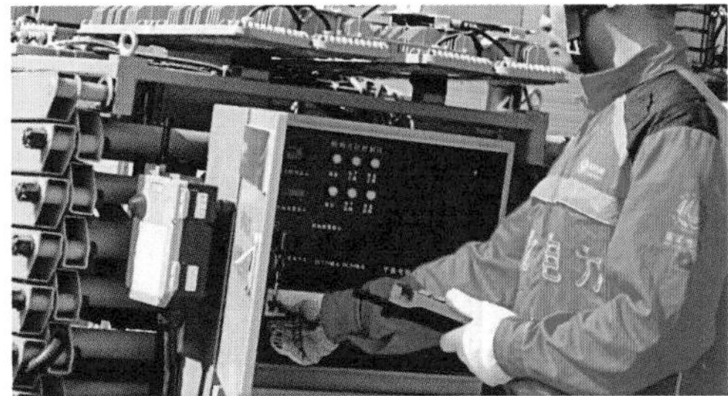
关闭灯具

5）关闭“蓄电池开关”，钥匙逆时针转到“关”位置，关闭发电机。

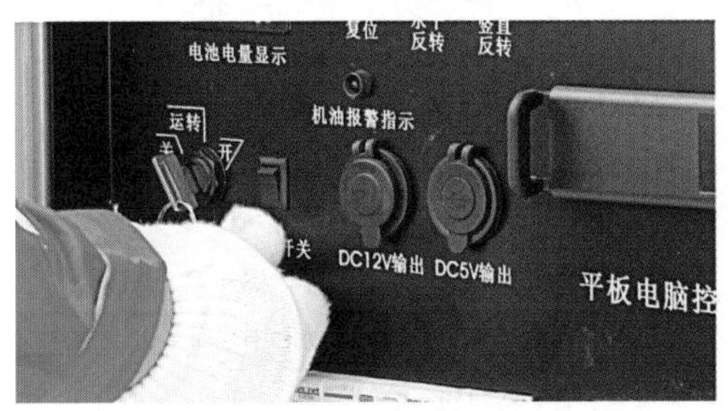

蓄电池开关

关闭发电机

6）将4条液压支腿收回，并用插销固定好。

回收支腿

固定插销

4. 中型自发电应急照明的使用

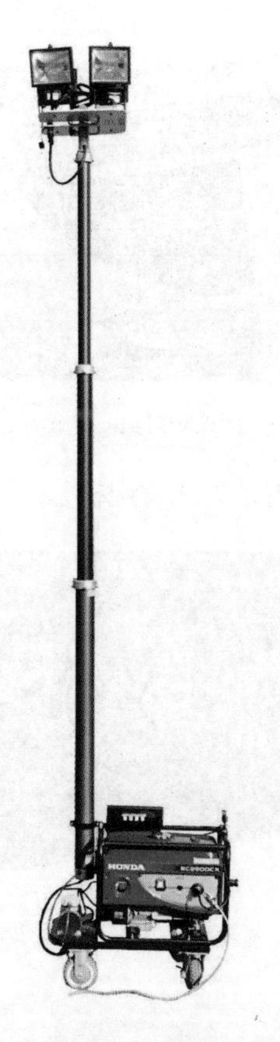

全方位自动泛光工作灯具实物图

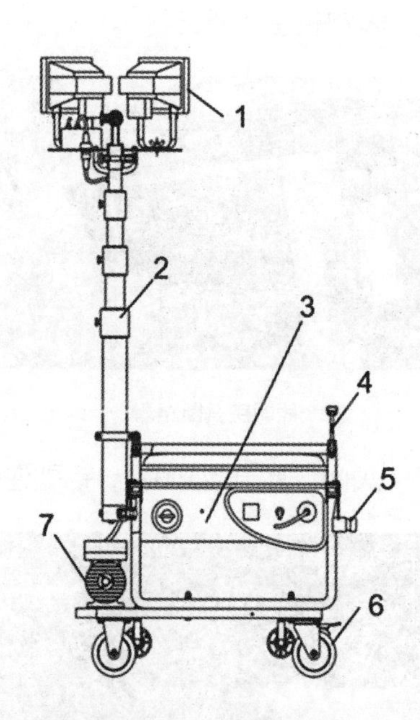

全方位自动泛光工作灯结构示意

1—灯盘组件；2—灯杆；3—发电机组件；4—灯杆托架；5—灯盘挂架；6—万向轮；7—气泵

（1）使用前应检查以下几个方面。

1）灯具外观有无少零部件，紧固件有无松动，电缆线有无脱落及损坏；

检查零部件

检查电缆线

2）发电机的机油、燃油是否充足，检查机油卡尺和燃油表，不足请及时添加。

检查机油

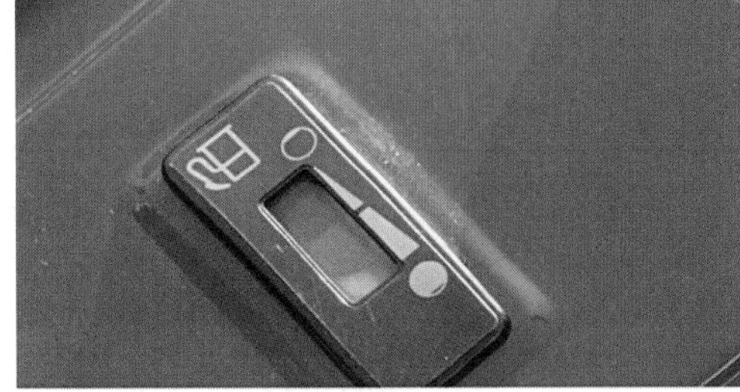

检查汽油

（2）开机操作步骤。

1）设置安全围栏；

2）安装接地线，接地线选用16毫米以上软铜线；

3）固定灯杆，将灯杆竖立，锁紧灯杆下方固定螺钉；

竖立灯杆

固定螺钉

4）安装灯盘组件，将灯盘与气缸顶部紧密连接，手动拧紧卡扣；

组装灯盘

调节角度

5）连通线路，灯杆和气泵直接用空心软管连接；

连通线路

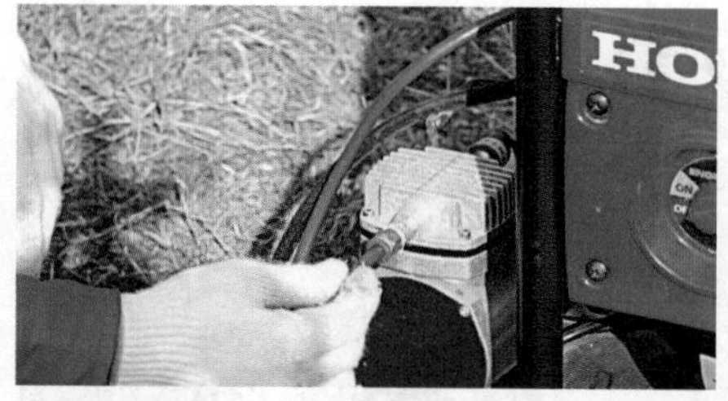
连通气管

6）依次打开发电机启动开关、燃油阀；

启动开关

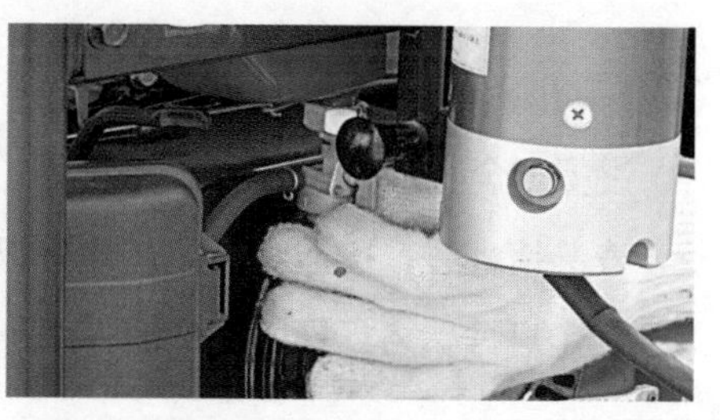
打开燃油阀

7）关闭风门，拉动拉盘，启动发电机；

关闭风门

拉动拉盘

8）发电机启动成功后，打开风门；

打开风门

观察风门

9）打开电源总开关，打开气泵开关，灯杆上升；

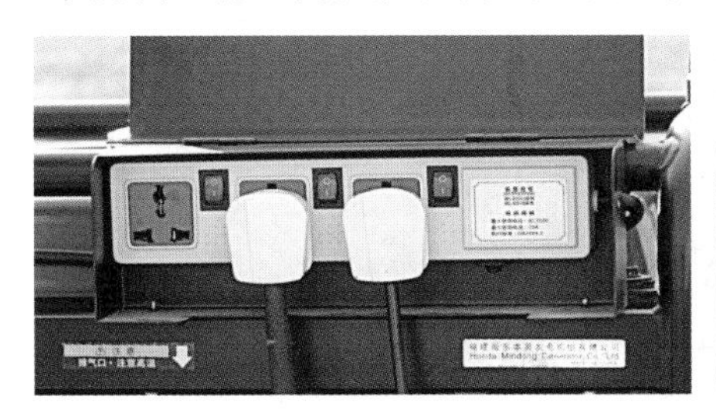
电源开关

灯杆上升

10）灯杆上升到指定高度后，关闭气泵开关；

11）遥控开启灯具。

打开灯具开关

遥控开关

（3）关机操作步骤。

1）关闭电源总开关；

2）关闭发电机启动开关；

3）关闭燃油阀；

4）按灯杆下方的放气按钮，将灯杆降低到原始高度；

5）将灯盘组件拆卸后放回灯箱内保存；

6）松开灯杆下方固定螺钉，将灯杆水平放置在灯杆托架上固定。

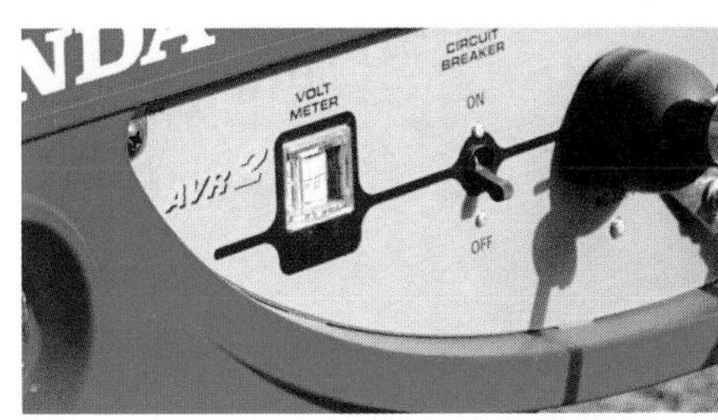

控制面板

固定灯杆

专家提示

● 发电机应在通风良好的环境下使用。

● 发电机启动前必须安装接地线。

● 液压腿未调节水平，禁止升起灯杆。

● 灯杆升起状态下，禁止调节液压腿。

●“预备”“复位”按钮不能同时按下。

● 灯杆在升降过程中，应该密切注意周围环境，防止灯头撞击或挂碰电线、横梁、树枝等周边及高空事物。

专家提示

● 定期检查机油、燃油、液压油的油量，如不足必须及时添加。

● 每隔6个月或运行100小时需更换机油。

● 每隔6个月或运行100小时需清洁或更换空气滤清器。

● 每隔6个月或运行100小时需检查火花塞，跟进需要进行清洁或更换。

● 启动蓄电池每三个月需要充放电保养一次，确保电池电量DC 12V以上，如长久不使用，可断开启动蓄电池的导线，防止蓄电池电量用光，注意使用时电池的正负极不要接错。

● 在长时间不使用的情况下，每6个月开机运行半小时，依次运行电器、机械传动、升降、灯头翻转、灯具亮灭等。

5. 小型自发电应急照明的使用

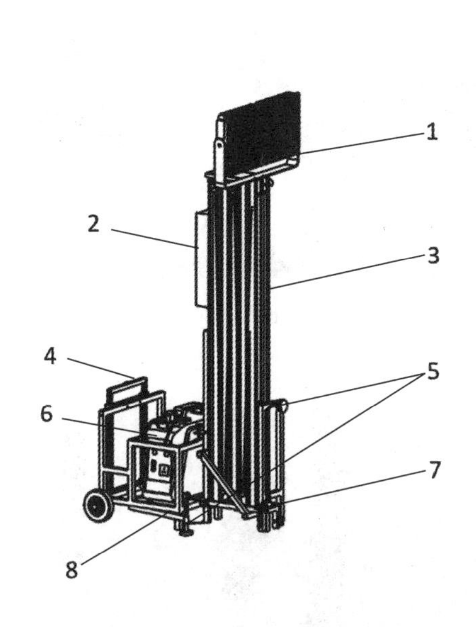

小型全方位自动泛光工作灯结构图

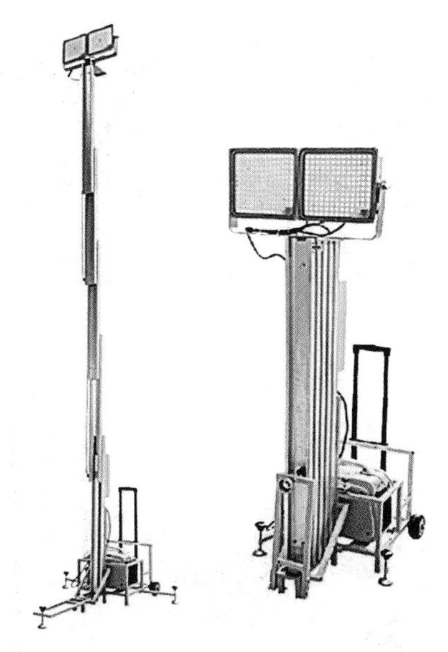

小型全方位自动泛光工作灯实物图

小型全方位自动泛光工作灯

1—灯头；2—控制箱；3—桅杆；4—拉杆；5—支腿；6—发电机；7—桅杆底盘；8—发电机底座

（1）开机操作步骤。

1）设置安全围栏；

2）安装接地线，接地线选用16mm以上软铜线；

3）固定桅杆，将桅杆竖立，用插销将桅杆和发电机支架固定；

4）打开支腿，确保发电机和桅杆水平放置；

固定插销

固定支腿

5）安装灯头，将灯头竖直插入桅杆上方卡槽中固定；

6）连通线路，将灯头和桅杆上的航空插头对接好；

安装灯头

连通线路

7）打开发电机油箱盖通气旋钮、发电机燃油阀；

打开通气旋钮

打开燃油阀

8）打开发电机开关，按压油泡3～5次，将燃油泵入化油器内；

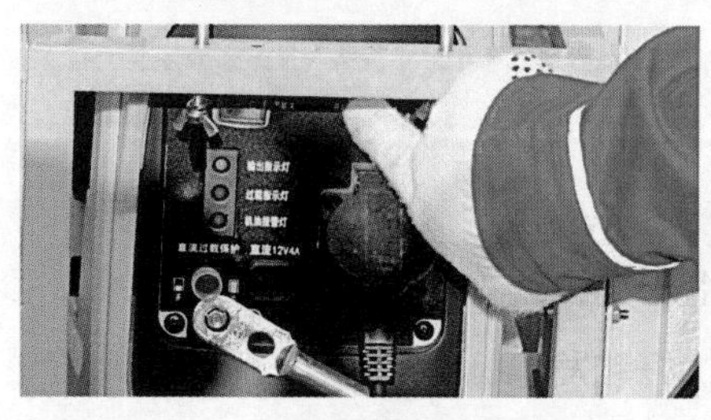

打开发电机开关

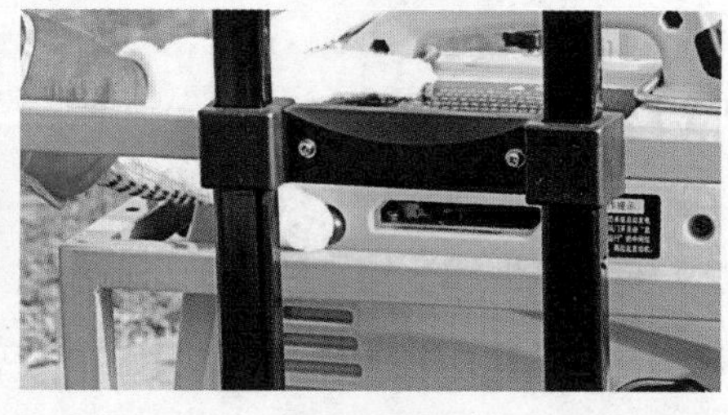

按压油泡

9）关闭风门，拉动拉盘，启动发电机；

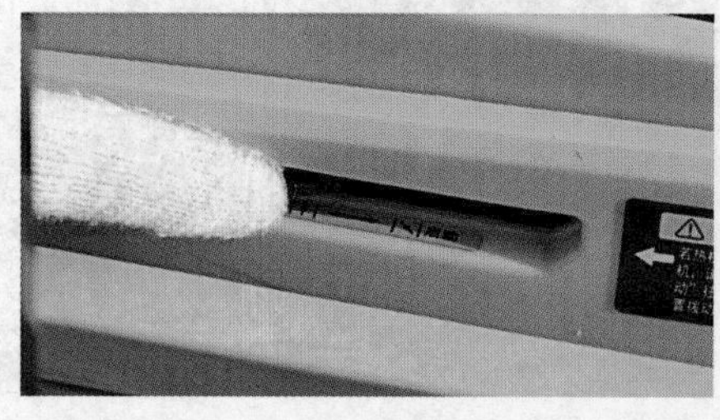

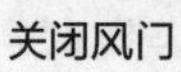

关闭风门

拉动拉盘

10）发电机启动成功后，打开风门；

11）打开电源总开关，打开桅杆上升开关，桅杆上升，桅杆上升到指定高度后，关闭桅杆上升开关；

电源开关

桅杆上升

12）打开灯头开关，点亮灯具。

灯头开关

点亮灯具

（2）关机操作步骤。

1）关闭灯头开关，关闭灯具；

2）打开桅杆下降开关，桅杆下降，桅杆下降到初始高度后，关闭桅杆下降开关；

3）依次关闭电源总开关，发电机开关；

4）依次关闭发电机燃油费、电机油箱盖通气旋钮；

5）依次拆卸灯头和桅杆，放置在防护箱内保存。

6. 充电式应急照明装备的使用

防爆全景照明灯

防爆全景照明灯携带图

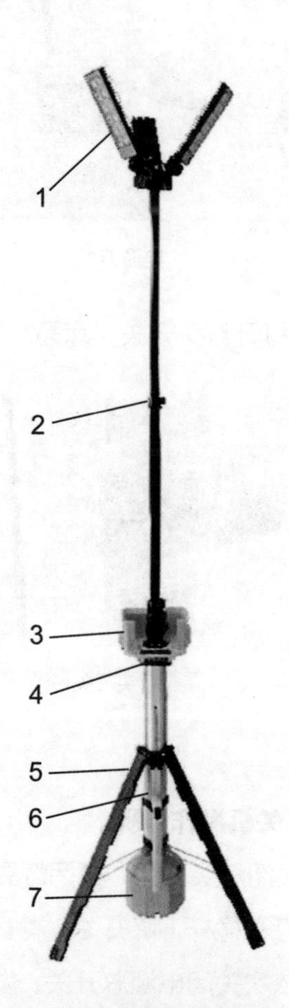

防爆全景照明系统结构

1—灯头组件；2—升降杆组件；3—警示灯组件；4—按键盒组件；5—支腿组件；6—滑柄组件；7—电池组件

使用前的准备工作

1）检查灯具外观有无少零部件、紧固件有无松动；

2）检查灯具电池电量是否充足，不足请及时充电。

使用中的操作步骤及注意事项

（1）开机操作步骤。

1）将灯具水平放置于地面，按下滑柄组件上的按钮，三脚支腿组件自动打开。

2）打开升降杆组件第一节的卡扣，拔出第一节灯杆。

3）第一节灯杆升起后，就可调节灯头的照射角度，可实现单向及环照照明。

三脚支腿

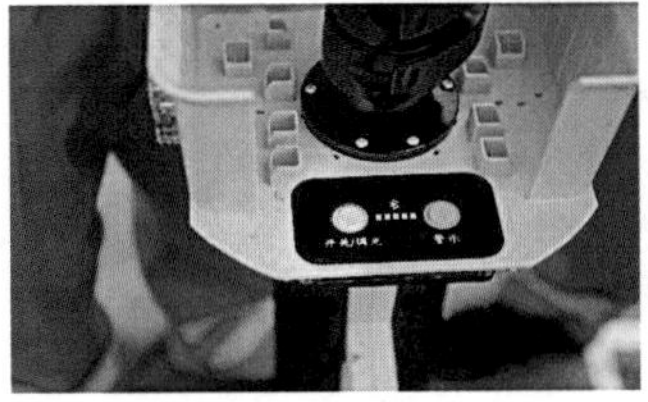

开关按钮

灯杆卡扣

4）按1次键盒组件上的开灯按钮，点亮灯具，灯具初始默认“弱光”档位，再按2次可以调节灯具亮度；亮度档位依次为“中光”“强光”第4次轻按按钮可以关闭灯具。

5）按1次警示灯组件上的开灯按钮，打开警示灯。

6）根据现场的实际情况调节灯杆高度，可以通过第二节、第三节灯杆卡扣调节灯具升起高度，最高可以升到3.5m。

（2）关机操作步骤。

1）按开灯按钮关闭灯具，按1次是“弱光”，按2次是“中光”，按3次是“强光”，按4次是关闭灯具；

2）关闭警示灯；

3）回收第二节、第三节灯杆；

4）先回收灯头，再回收第一节灯杆；

5）按下滑柄组件上的按钮，三脚支腿组件自动收起。

轻便摄像移动灯

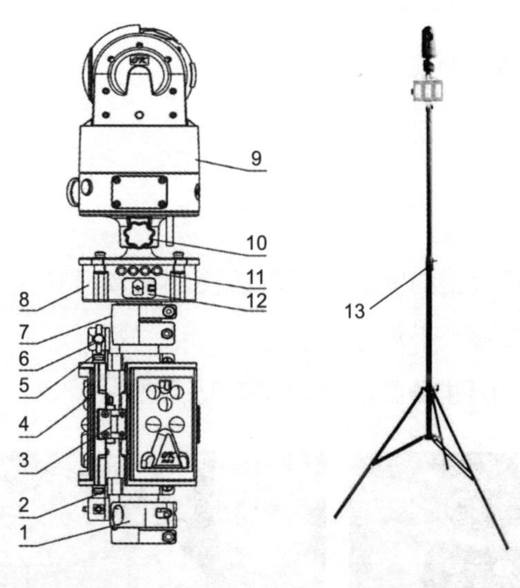

轻便摄像移动灯结构图　　轻便摄像移动灯实物图（升起状态）

轻便摄像移动灯结构示意

1—锁扣；2—调节接头；3—支撑杆；4—灯头；5—蝶形螺栓；6—钣金支架；7—抱箍；8—驱动盒；9—摄像云台组件；10—快拆接头；11—电量显示器；12—充电口；13—三脚架组件

（1）开机操作步骤。

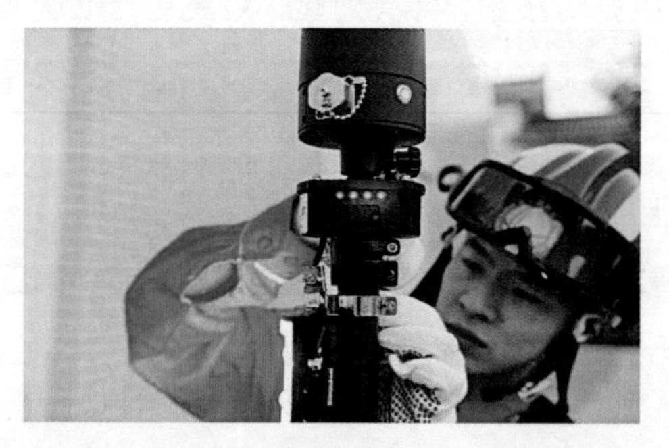

连接线路

1）松开三脚架组件上的旋钮，打开三脚架，将灯具水平放置于地面；

2）调节灯头照射角度，可以实现单向及环照照明；

3）按1次开灯按钮，点亮灯具，打开“工作光”挡位，再按1次亮度挡位变为“强光”，第3次轻按按钮可以关闭灯具；

4）按1次摄像云台组件的按钮，可以开启摄像头，记录现在作业画面；

5）根据现场的实际情况调节三脚架高度，最高可以升到2.3m。

（2）关机操作步骤。

1）将三脚架高度下降到初始高度；

2）关闭灯头；

3）关闭摄像头。

轻便移动灯

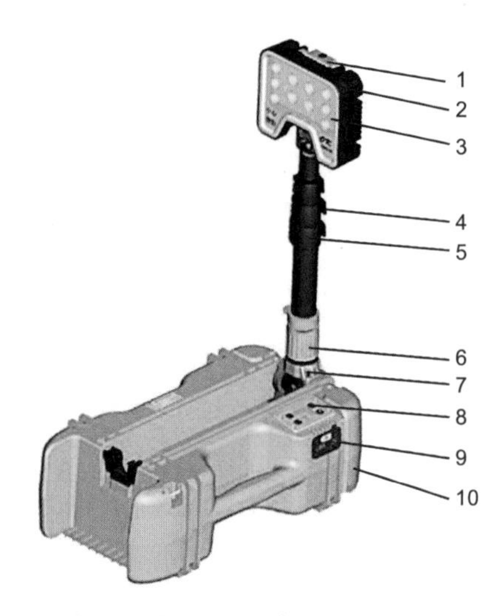

轻便移动灯实物图（升起状态）

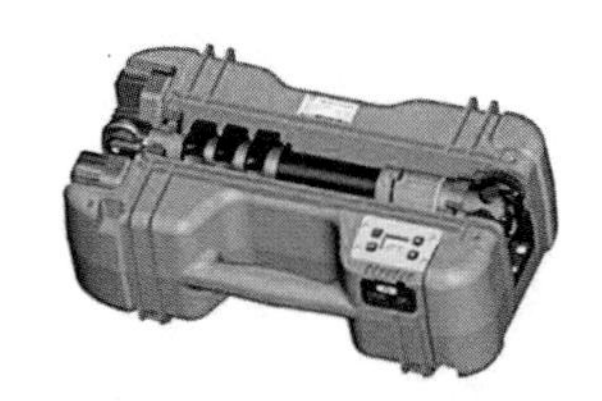

轻便移动灯实物图（收缩状态）

1—警示灯组件；2—灯头组件；3—灯头透镜；
4—扳手组件；5—升降杆组件；6—升降杆定位套环；
7—升降杆抱扣；8—控制板组件；9—充电口塞；
10—箱体组件

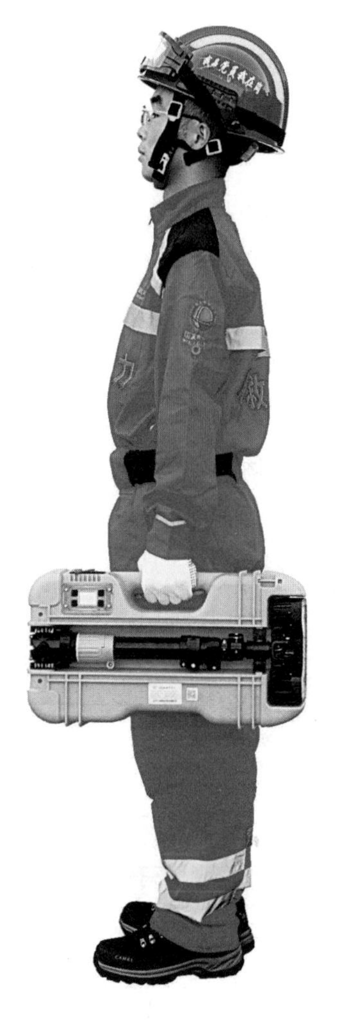

轻便移动灯携带图

（1）开机操作步骤。

控制面板

1）将灯具水平放置于地面，立起灯杆并固定；

2）打开电源总开关；

3）通过控制板组件上的按钮切换灯光模式（聚光、泛光、聚泛光）；

4）通过控制板组件上的按钮调节亮度；

5）按警示灯组件上的按钮打开警示灯；

6）根据现场的实际情况调节灯杆高度，最高可以升到1.5m。

（2）关机操作步骤。

1）关闭电源总开关；

2）关闭警示灯开关；

3）回收灯杆；

4）松开灯杆固定卡环，将灯杆回收。

专家提示

● 严禁自行拆卸灯具，维修灯具必须由专业人员进行。

● 灯具持续使用一段时间后，灯头部位会有一定温升，避免烫伤。

● 充电口有保护橡胶保护塞，使用后务必及时装好保护塞，防止固态颗粒、雨水进入。

● 使用完毕，及时进行充电，充满后进行存放，延长电池使用寿命，以便应急的需要。

单兵应急照明装备

防爆探照灯效果图

适用于夜间搜救强光照明及应急作业现场工作照明，携带方便、使用简单直观、功能多样。

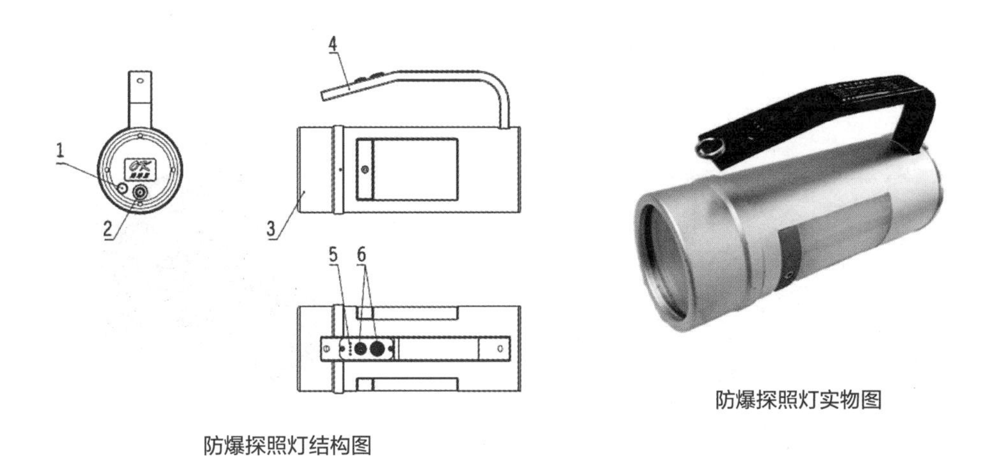

防爆探照灯结构图

防爆探照灯实物图

防爆探照灯

1—方位灯；2—电口；3—LED灯头；4—提手；5—电量显示；6—按键开关

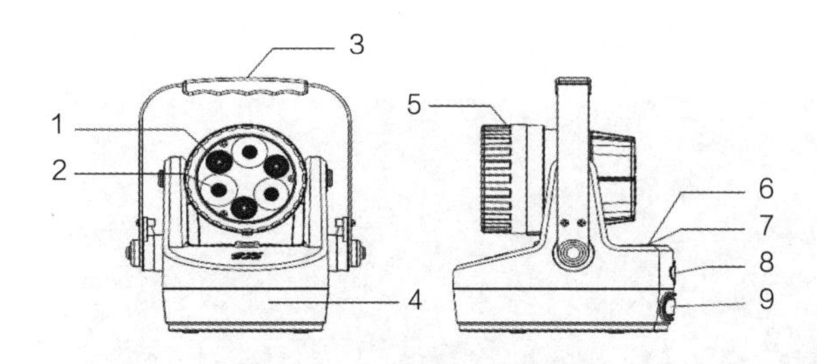

轻便式多功能强光灯结构图

轻便式多功能强光灯实物图

轻便式多功能强光灯

1—泛光光源；2—聚光光源；3—提手；4—高能无记忆电池；5—灯头；6—按键开关；7—电量显示；8—充电口；9—警示灯

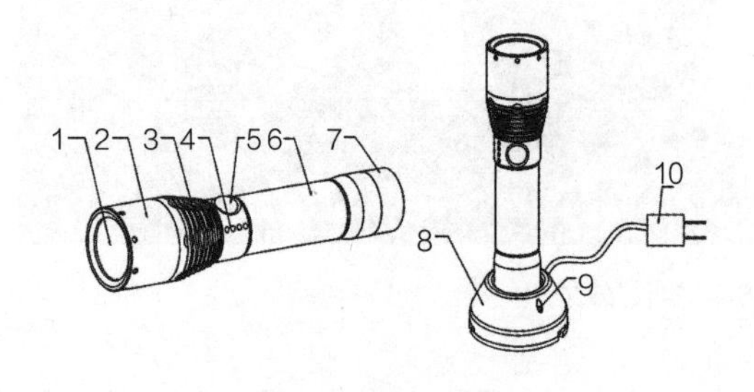

强光巡检电筒结构图

强光巡检电筒实物图

强光巡检电筒

1—透镜；2—灯头；3—伸缩环；4—电量显示；5—按键开关；6—灯筒；7—尾盖；8—无线充电器；9—充电器呼吸灯；10—充电适配器

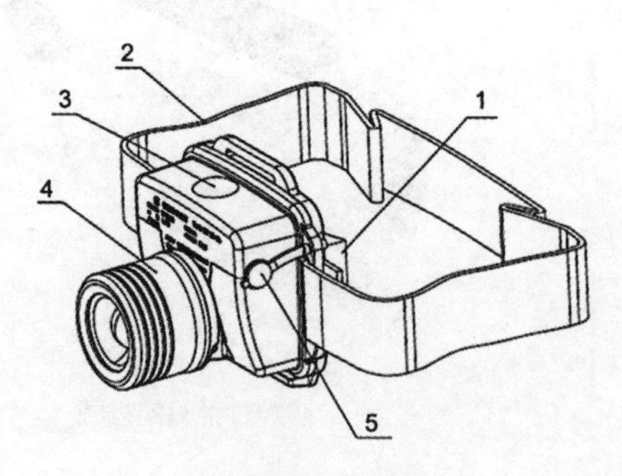

微型防爆头灯结构图

微型防爆头灯实物图

微型防爆头灯

1—缓冲垫；2—头带；3—按钮开关；4—伸缩灯头；5—充电口

专家提示

● 灯具使用完毕，及时进行充电，充满后进行存放，延长电池使用寿命，以便应急的需要。

● 将设备表面擦拭干净，检查灯具外观有无少零部件，紧固件有无松动、损坏。

● 在长时间不使用的情况下，每6个月需要将灯具充放电一次，然后将灯具充满电进行放置保存。

扫描二维码，观看应急照明装备教学视频

黄金4分钟，心肺复苏成功拯救生命

2022年7月27日，国网武汉供电公司61岁退休职工余红路在新洲区举水河边争分夺秒在“黄金四分钟”里为一名溺水学生实施心肺复苏，大约14分钟，男孩终于恢复了呼吸。余红路退休前是单位安全监察员，熟练掌握急救技能。

国家电网公司
STATE GRID CORPORATION OF CHINA
国家电网
STATE GRID
总质量: 2220 kg

二、紧急救护技能项目图解

1. 自动体外除颤器（AED）

自动体外除颤器的使用

（1）打开电源开关（或打开AED盖子），按语音提示操作。

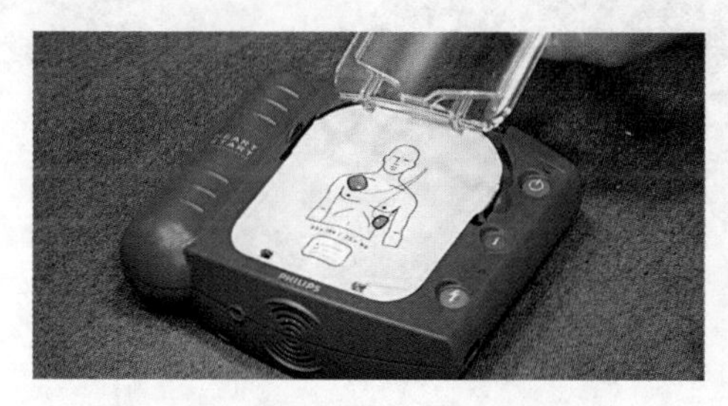

打开电源（开盖）

打开电源（开关）

（2）按图示贴放AED电极片。一片电极片放在胸骨右缘、锁骨之下，另一片电极片放在左腋前线之后第五肋间。

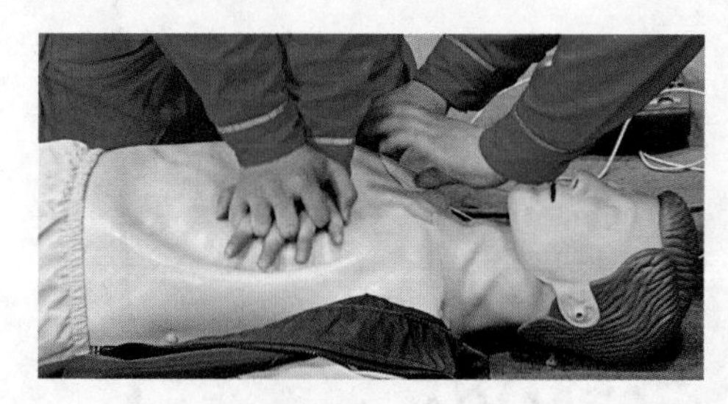

贴放电极片（1）

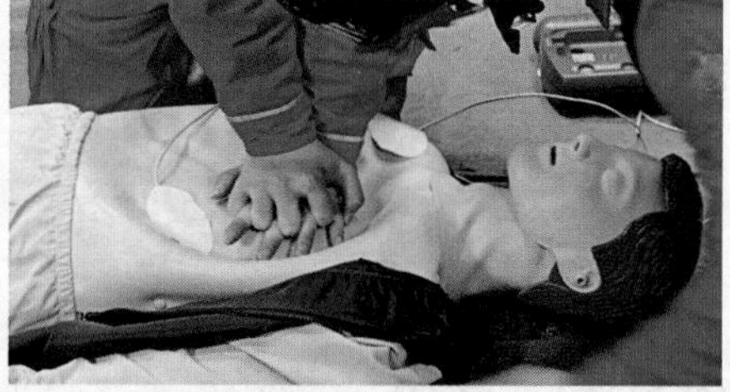

贴放电极片（2）

（3）AED开始分析心律，施救者示意周围人员不要接触患者。

（4）得到需要除颤的提示后，等待AED充电，再次示意不要接触患者，准备除颤。

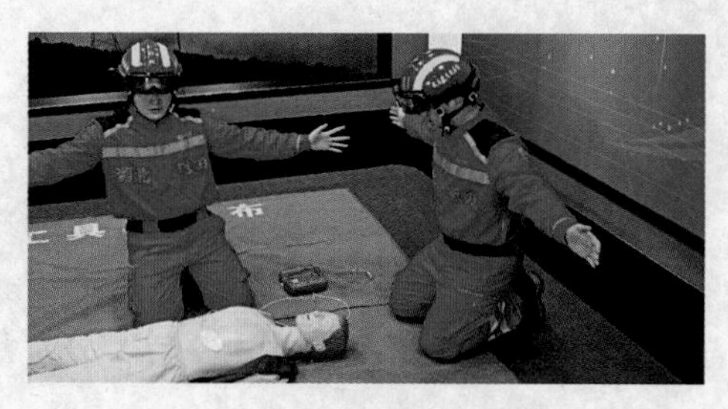

示意不要接触患者

（5）按除颤按钮进行电击除颤。

（6）除颤后继续实施心肺复苏2分钟，AED再次自动分析心律。如此反复操作，直至患者恢复心脏搏动和自主呼吸，或者专业急救人员到达。

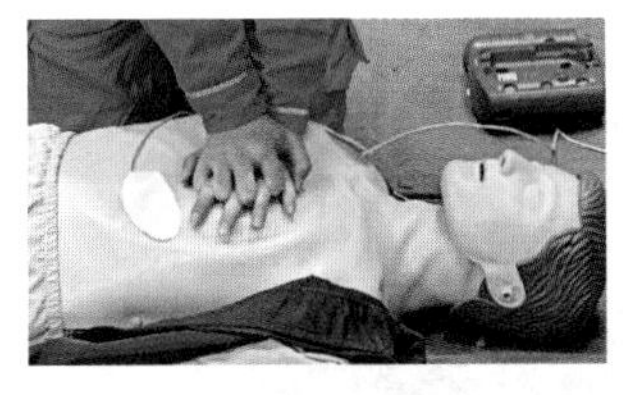

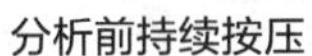
分析前持续按压

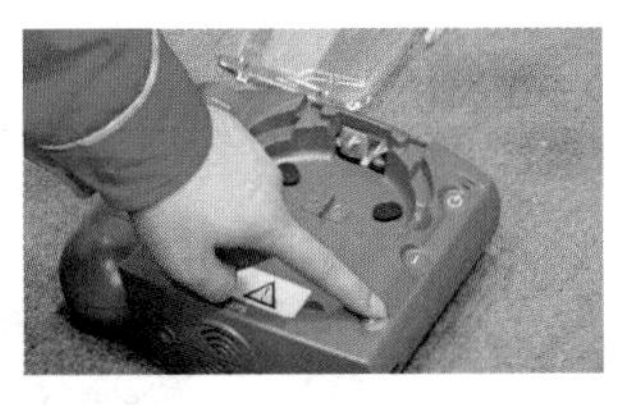

除颤

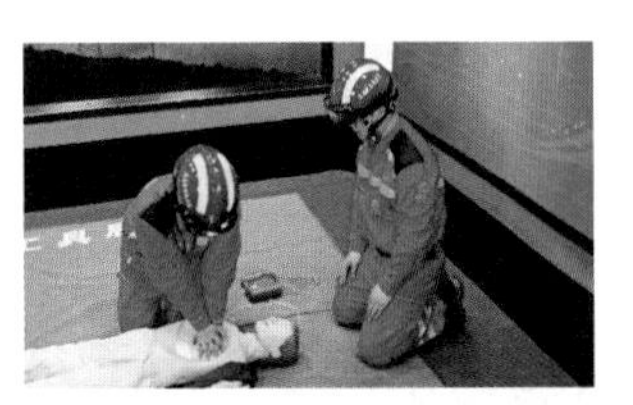

除颤后继续按压

扫描二维码，观看自动体外除颤器（AED）的使用视频

2. 现场心肺复苏的程序及操作技术

现场救护员首先对患者有无意识及呼吸做出基本判断，如无意识、无呼吸（或叹息样呼吸），应立即向急救系统求救并开始实施心肺复苏术。

（1）识别判断。

判断意识：轻拍患者双肩，并大声呼叫："你怎么啦?"患者无动作及应声，即判断为无意识。

判断呼吸：如果患者为俯卧位，先将其翻转为仰卧位再检查呼吸。保持患者呼吸道通畅，采用"听、看、感觉"的方法判断呼吸，检查时间约10秒。

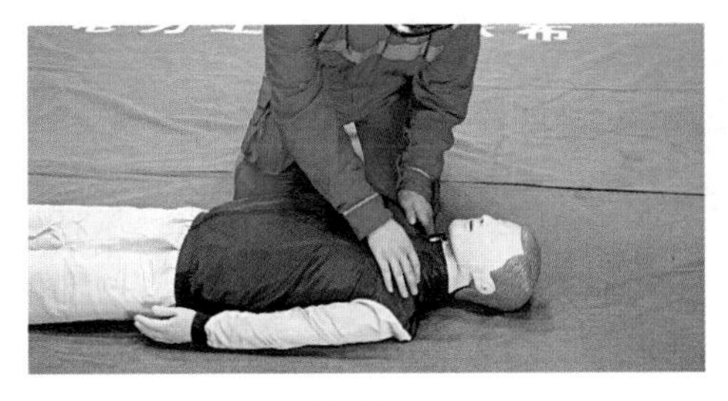

判断意识

判断呼吸

（2）呼叫、求救。

发现患者无意识，应立即高声呼救（快来人呀，有人晕倒了！）。

请人帮助立即拨打120，寻求会急救者共同施救。

检查患者无呼吸立即开始施救，附近如果有自动体外除颤器请求尽早取来。

大声呼叫

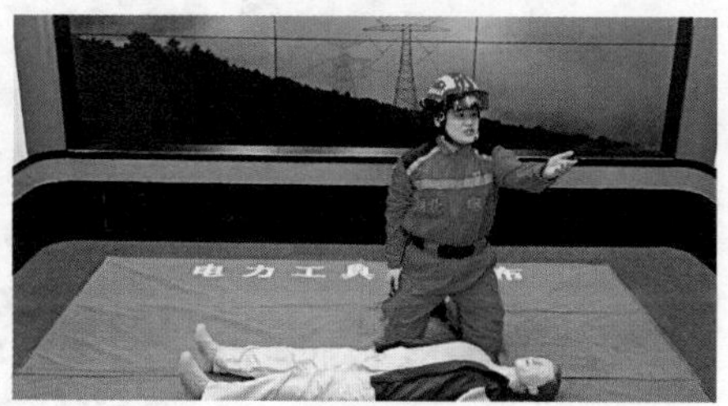

寻求帮助

（3）心肺复苏体位。

患者应仰卧于硬板床或平整地面上，保持头部、躯干、下肢成直线。

施救者位于患者胸部的一侧，如果是双人施救，则第二名施救者在患者的头顶位置进行气道管理。

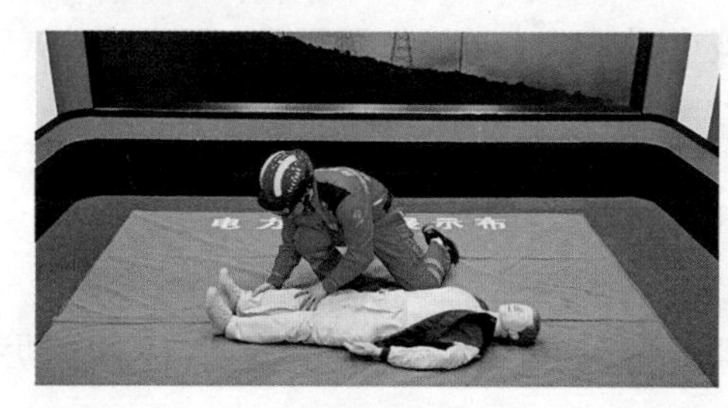

复苏体位

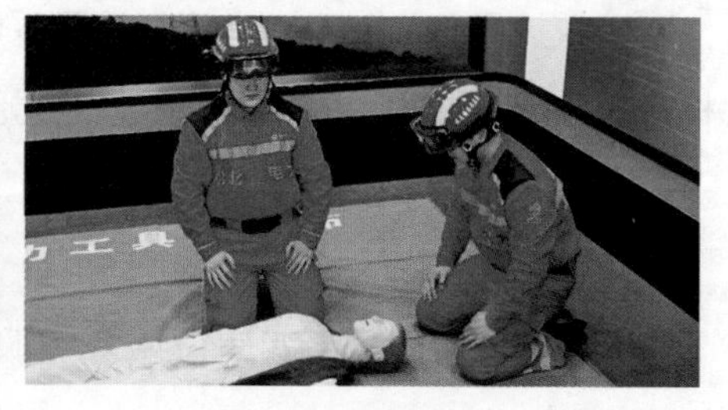

双人施救位置

（4）徒手心肺复苏。

胸外按压

1）按压部位：胸部正中、两乳头连线水平，即胸骨下半部。

2）双手十指相扣，掌根重叠紧贴患者胸壁，掌心翘起。双肘关节伸直并向内夹紧，上肢呈一条直线垂直于地面。

3）以髋关节为支点，上半身作为整体向下按压。对正常体形的患者，按压胸壁下陷幅度至少5厘米，但不超过6厘米。每次按压后放松，使胸廓回复到按压前位置，

放松时双手掌根不离开胸壁，以100~120次/分钟的频率连续按压30次，按压与放松间隔比为1：1。

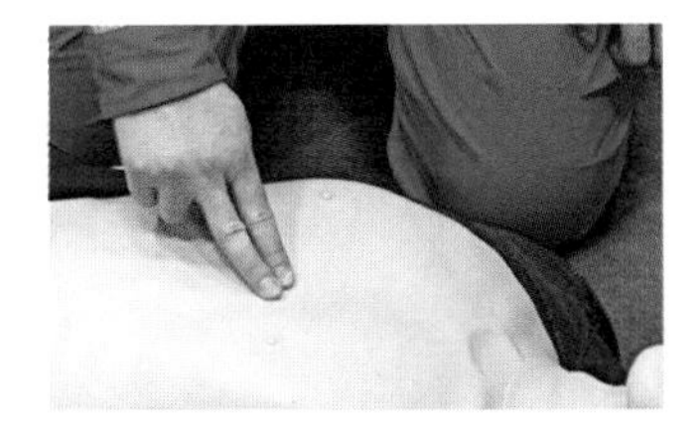
按压部位

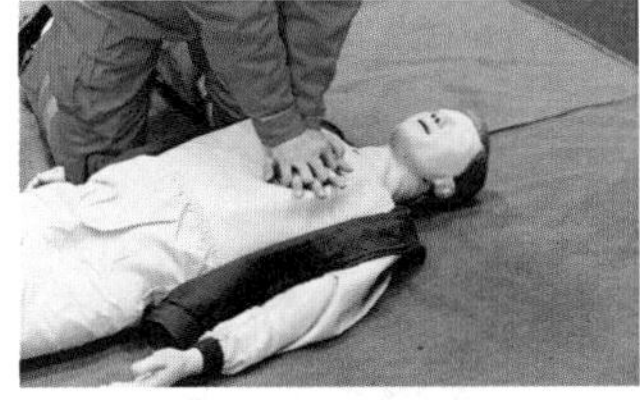
按压手部姿势

按压身体姿势

开放气道

1）观察口腔，如有异物进行清除。

2）仰头举颏法打开气道，下颌角及耳垂连线与平卧面约呈90度角。

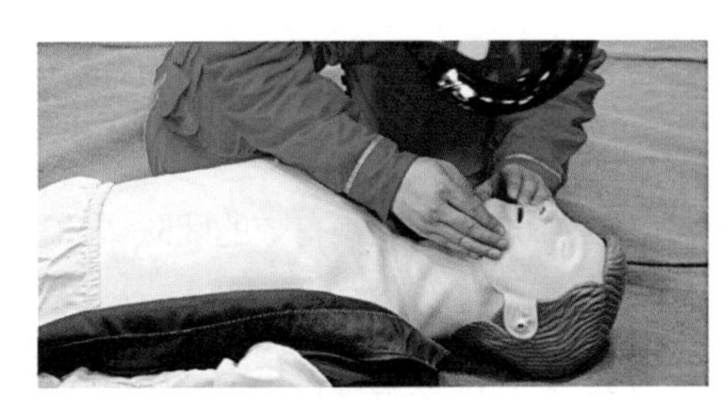
检查口腔异物

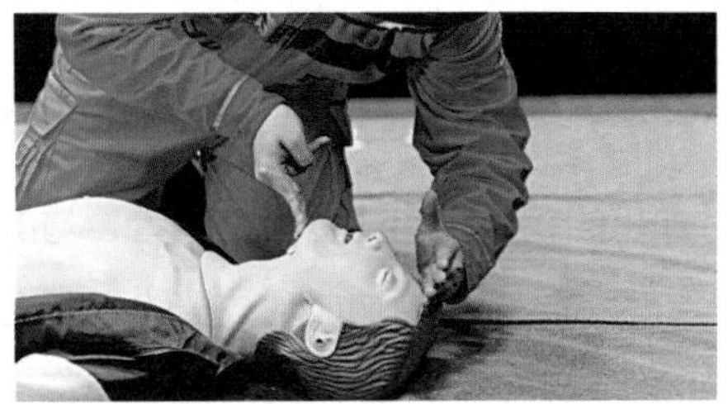
开放气道

人工呼吸

用手捏住患者鼻孔，用口把患者口完全罩住，缓慢吹气2次，每次吹气持续1秒，确保可见胸廓隆起。吹气不可过快或过度用力。

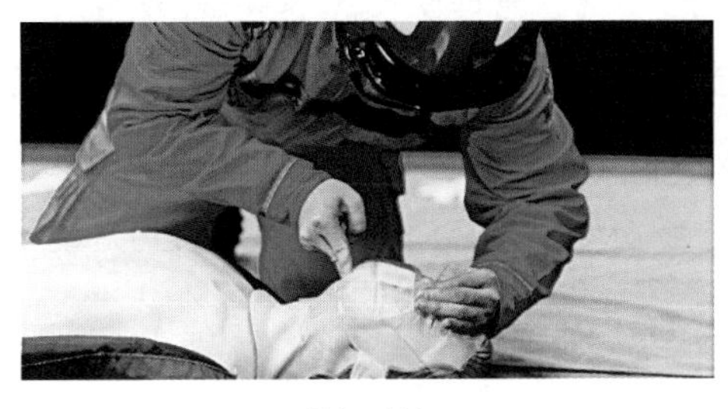
做好防护

人工呼吸

在心肺复苏的过程中，施救者应持续观察患者，只有看到患者有生命迹象的时候，才可以停下心肺复苏对患者进行评估意识、呼吸，否则就应该持续进行心肺复苏。

扫描二维码，观看现场心肺复苏的程序及操作技术视频

3. 团队施救及成员构成

成功的团队合作在多名施救者参与的心肺复苏中非常关键。有效的团队调动和成员间积极的沟通会增加成功救援的可能性。施救团队一般由以下人员构成：

（1）队长。每个心肺复苏团队必须设有一名队长，能根据每名小组成员的技能水平委派任务，所有小组成员了解工作和职责后，小组才会运转得更顺利。如果小组人数不够，队长需要承担未分配角色的职责。

（2）按压操作员。

（3）气道管理员。

（4）AED操作员。

负责胸外按压的队员 30 次按压结束后，气道管理队员迅速完成2次通气。其中，按压次数的沟通很重要，气道管理队员能紧密衔接按压结束进行通气，大大减少了按压中断时间。胸外按压的中断时间越短，心搏骤停后自主循环恢复的可能性越大，除颤成功和出院存活率越高。良好的小组协作中，胸外按压时间占复苏总时间的比例通常可达到 80%。

4. 气道异物梗阻急救方法

（1）背部叩击法。 适用于意识清醒的患者。

鼓励患者大声咳嗽，嘱咐患者上身前倾，施救者用一手掌根在两肩胛骨之间大力叩击，使异物能从口中出来，而不是顺气道下滑。

异物梗阻“V”型手势

背部叩击

（2）腹部冲击法（海姆利克冲击法）。 适用于意识清醒伴严重气道梗阻，背部叩击法不能解除气道梗阻的患者。

嘱咐患者弯腰，头前倾，施救者站在患者身后，环抱患者腰部，一手握拳，握拳手的拇指侧抵住患者肚脐与剑突之间靠近肚脐的位置，另一手包住握拳手，快速用力向内、向上冲击。

（3）胸部冲击法。 适用于不宜采用腹部冲击法的患者，如孕妇和肥胖者等。

患者跪姿，施救者站在患者身后，两臂从患者腋下环绕其胸部，一手握拳，拇指侧放于患者胸骨中部，另一手紧握此拳向内、向上冲击。

上身前倾

腹部冲击

（4）胸部按压法（心肺复苏）。 适用于无意识或腹（胸）部冲击时发生意识丧失的气道异物梗阻患者。操作方法同心肺复苏。

跪姿前倾

胸部冲击

扫描二维码，观看气道异物梗阻的急救方法视频

5. 创伤救护

创伤止血技术

（1）直接压迫止血法。是最直接、最有效的止血方法，可用于大部分“外伤出血”或者“外伤的止血”。

1）施救者戴手套做好自我防护，快速检查伤口内有无异物，如有浅表小异物先将其取出；

2）用干净的纱布敷料覆盖在伤口上，敷料应超过伤口周边至少3cm，用手直接持续用力压迫止血；

3）如果敷料被血浸透，不要更换，再取敷料覆盖在原有敷料上，继续压迫止血。

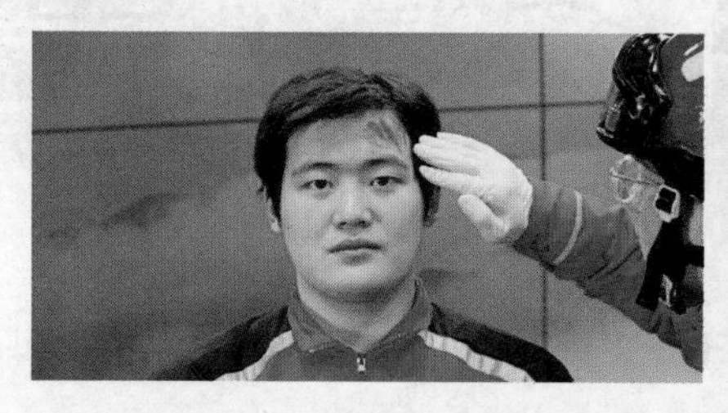

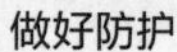

做好防护

直接按压止血

（2）加压包扎止血法。用绷带或三角巾加压包扎。

1）施救者直接压迫止血；

2）用绷带或三角巾环绕敷料加压包扎；

3）检查肢体末端血液循环。

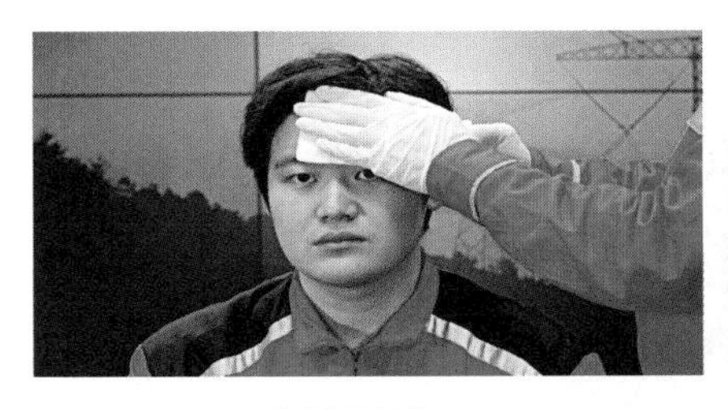
敷料覆盖伤口

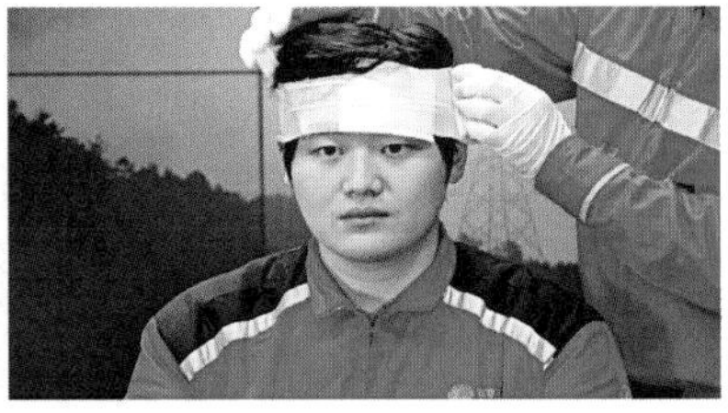
绷带加压包扎

（3）止血带止血法。适用于四肢大血管损伤，直接压迫无法控制的出血。

现场往往没有专用的止血带，可就地取材，利用三角巾、围巾、领带等作为布带止血带。

1）将三角巾或其他布料叠成约10厘米宽的条状带；

2）上肢出血，在上臂的上1/3处，下肢出血，在大腿的中上部；

3）垫好衬垫，用折叠好的条状带在衬垫上加压缠绕肢体一周，打一个活结；

4）将一根绞棒（如笔、筷子、木棍等）插入活结旁的圈内，然后提起绞棒旋转绞紧直至伤口止血；

5）将棒的另一端插入活结套内固定；

6）在明显的部位注明扎止血带时间。

扎好止血带后每隔40～50分钟或肢体远端变凉应松解一次，松解时伤口如继续出血，可压迫伤口止血，松解约3分钟后再次扎上止血带并注明第二次的时间。禁止用铁丝、电线、绳索等当止血带。

叠条状带

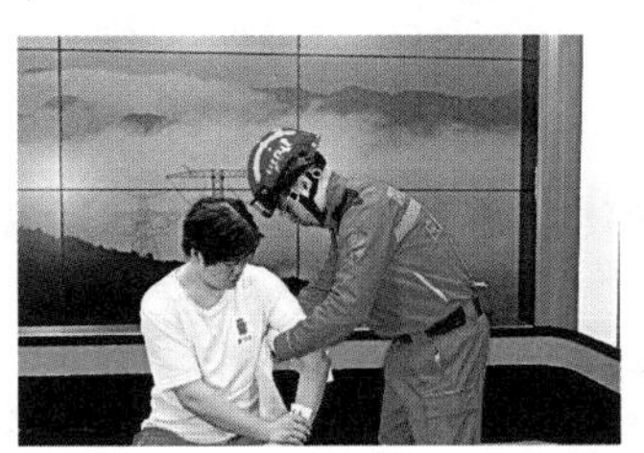
加压缠绕肢体

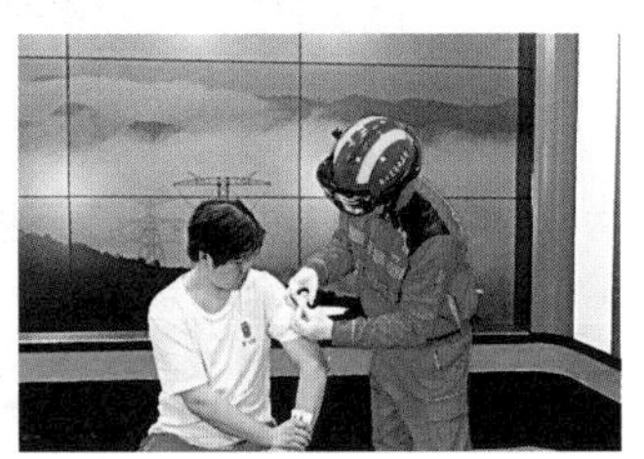
打活结

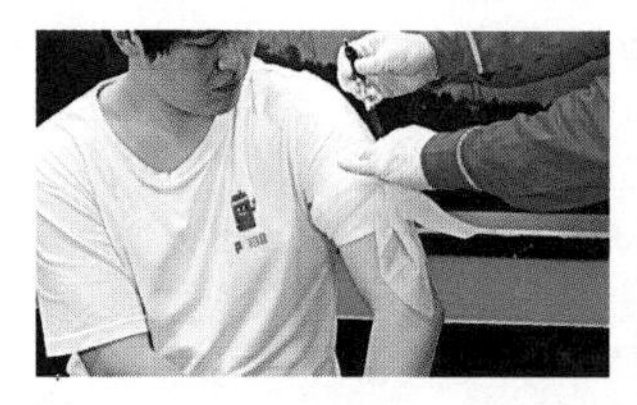
插入绞棒

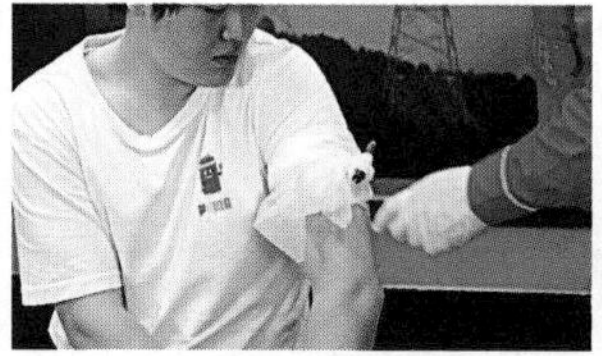
固定绞棒

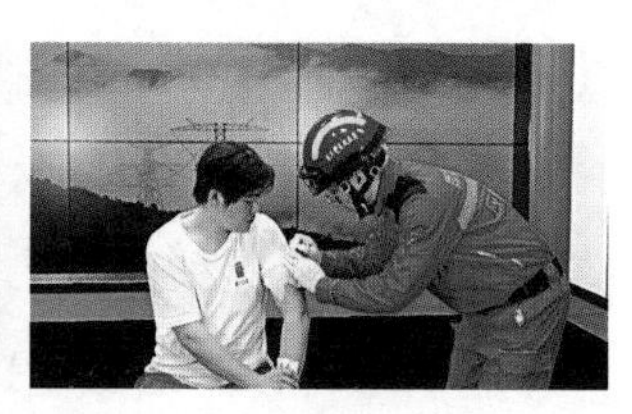
标注时间

扫描二维码，观看创伤止血技术视频

现场包扎技术

快速、准确的包扎伤口是外伤救护的重要一环。它可以起到快速止血、保护伤口、防止感染的作用，有利于转运和进一步的治疗。

（1）绷带包扎。

1）环形包扎　适用于肢体粗细均匀处小伤口的包扎；

2）螺旋包扎　适用于粗细相等的肢体，较长伤口的包扎；

3）螺旋反折包扎　适用于粗细不等部位的包扎；

4）“8”字包扎　适用于手掌、手背、踝部、肘膝等关节包扎；

5）回返包扎　适用头部、肢体末端或断肢部位包扎。

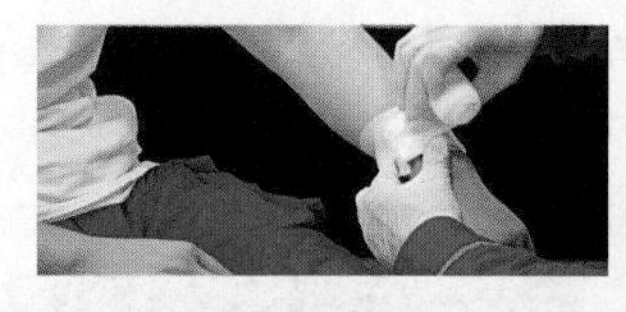
环形包扎

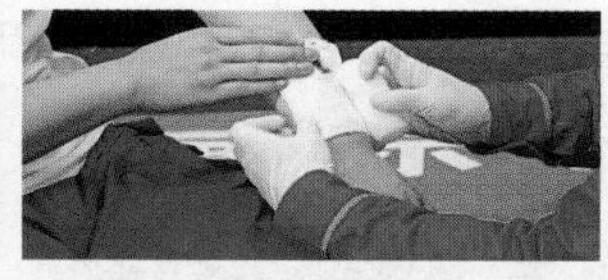
螺旋包扎

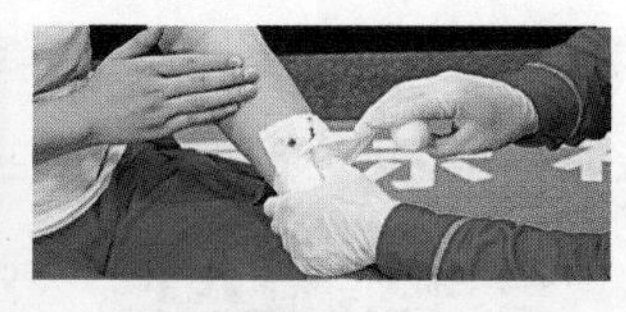
螺旋反折包扎

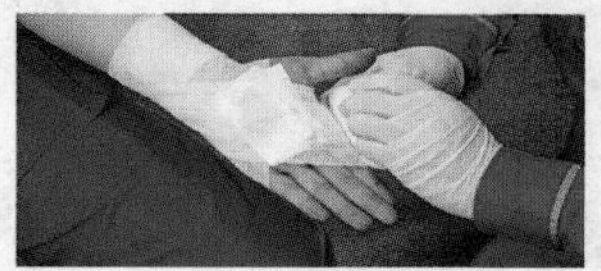
“8”字包扎

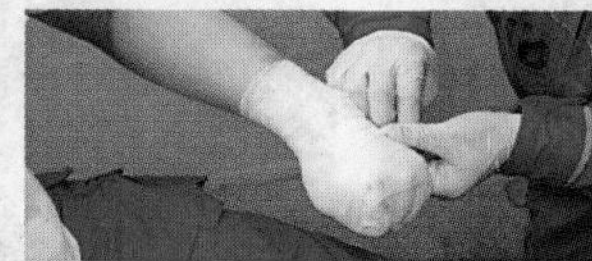
回返包扎

（2）三角巾包扎。

1）头顶帽式包扎；

2）膝（肘）部带式包扎。

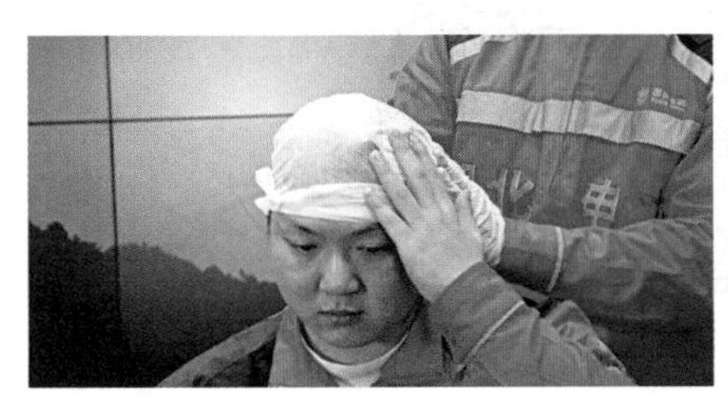

头顶帽式包扎

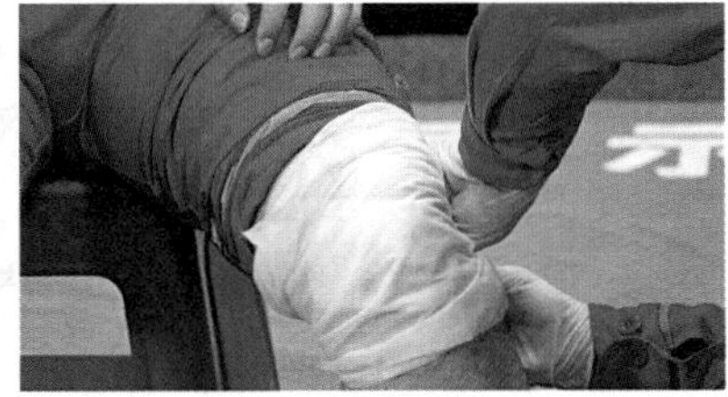

膝部包扎

现场骨折固定

固定方法

（1）上臂骨折。

现场无夹板或其他可用物时，可将上臂固定于躯干。

1）伤者屈肘位，大悬臂悬吊上肢；

2）伤肢与躯干之间加衬垫；

3）用宽带将伤肢固定于躯干；

4）检查末梢血液循环。

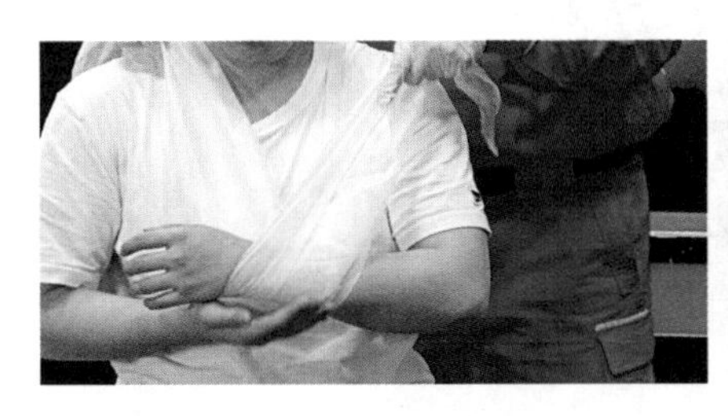

上肢小悬臂固定

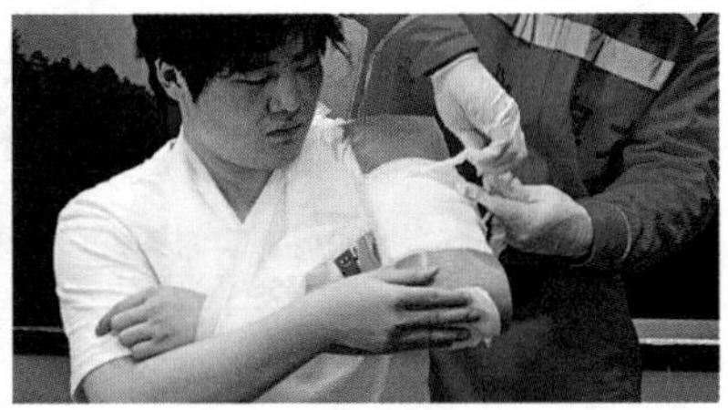

上肢夹板固定

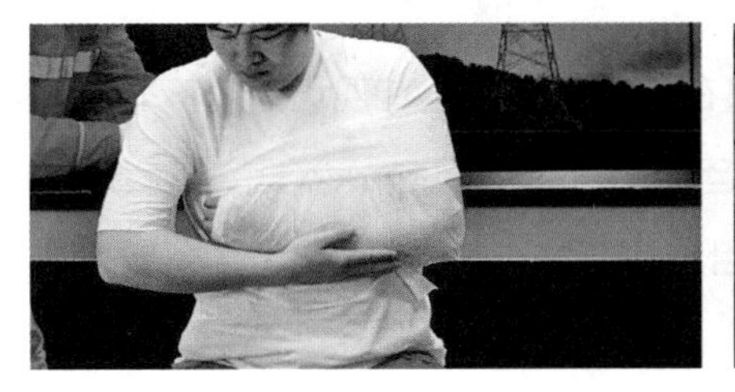

上肢躯干固定

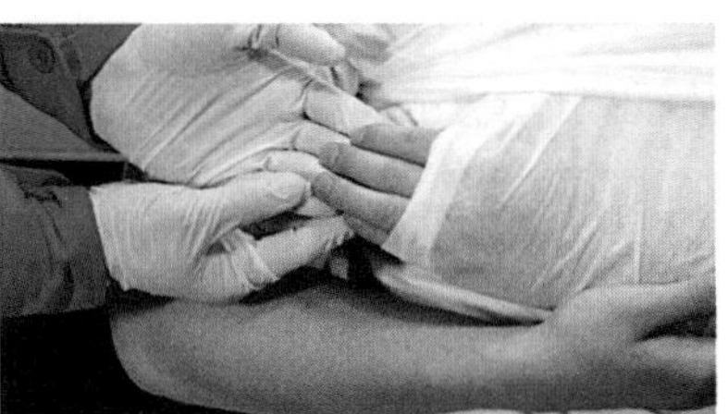

检查末梢循环

（2）前臂骨折。

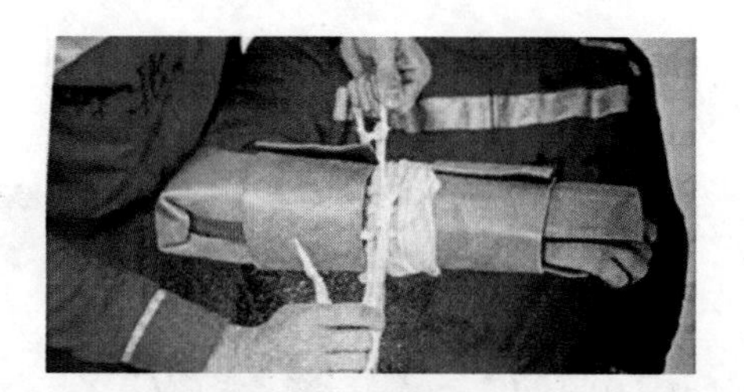

前臂夹板固定

（3）下肢骨折健肢固定（大腿、小腿相同）。

1）用四条宽带自健侧肢体膝下、踝下穿入；

2）在两膝、两踝及两腿间垫好衬垫，依次固定骨折上、下两端，小（大）腿和踝部；

3）用“8”字法固定足踝；

4）趾端露出，检查末梢血液循环。

扫描二维码，观看现场骨折固定视频

伤员的搬运护送

如果现场环境安全，救护伤员应尽量在现场进行。只有现场环境不安全，或受环境条件限制，无法实施救护时，才可搬运伤员。搬运前应做必要的伤病处理，如止血、包扎、固定，搬运中应保证伤员安全防止二次损伤，注意伤员伤情变化，及时采取救护措施。

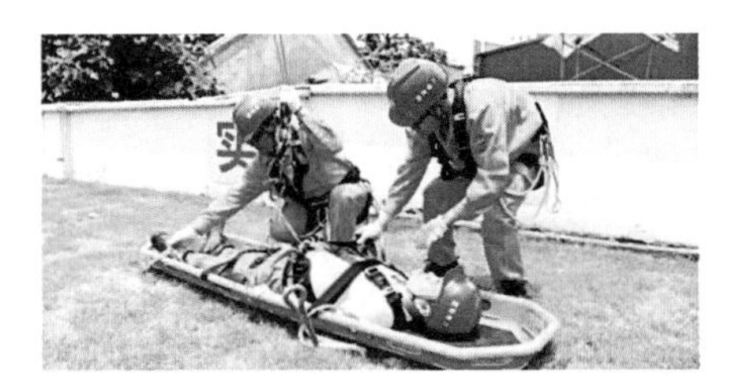

担架法

扶行法

背负法

腋下拖行法

衣服拖行法

轿杠式

拉车式

扫描二维码，观看伤员的搬运护送视频

特殊创伤的现场处理

（1）异物扎入。

较大的异物（尖刀、钢筋、玻璃等）扎入机体深部，不要拔出，否则可能会引起血管、神经或内脏的损伤或大出血。

1）环境安全，做好自我防护；

2）拨打120；

3）用两个绷带卷或毛巾卷等替代品沿身体纵轴左右两侧夹住异物；

4）用两条条带在异物上下压住绷带卷围绕伤处肢体固定绷带卷及异物；

5）用三角巾或替代品适当部位穿洞，套过异物包扎；

6）伤员适当体位等待120到达，随时观察生命体征。

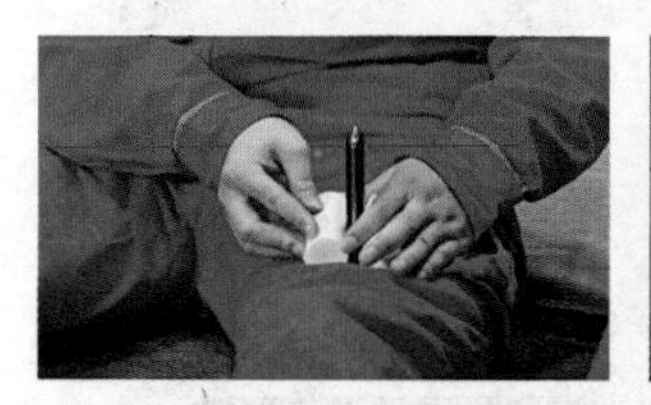

绷带卷夹住异物

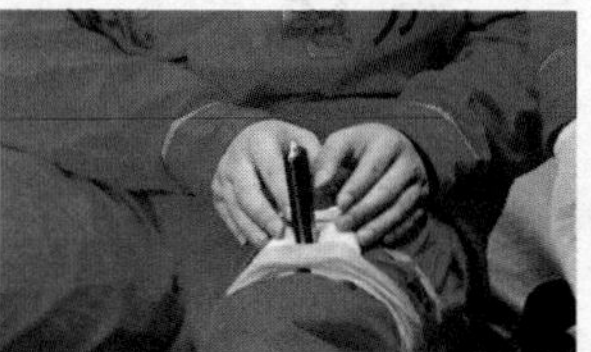

加压固定绷带卷

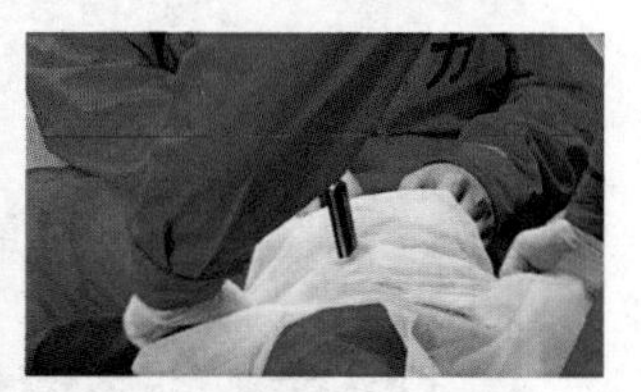

三角巾加压包扎

（2）腹部开放性损伤肠管溢出。

1）环境安全，做好自我防护；

2）拨打120；

3）伤者仰卧屈膝，用干净敷料覆盖外溢的肠管，再用保鲜膜覆盖敷料，用三角巾或替代品叠成环形套在敷料外围；

4）用大小合适的碗或盆扣在环形圈上方；

5）三角巾叠成宽带环绕腹部固定碗（盆），于健侧打结。

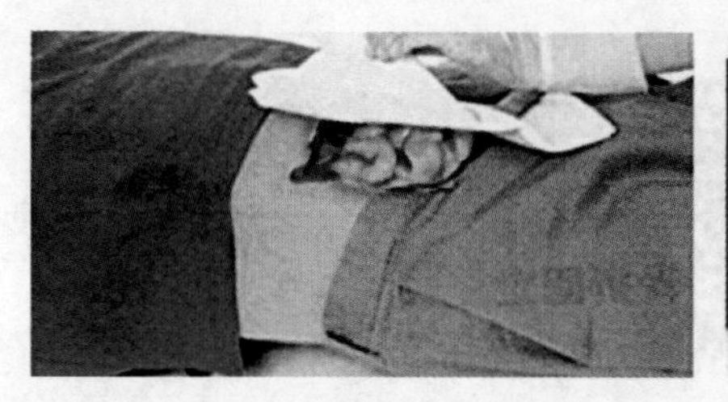

盖敷料

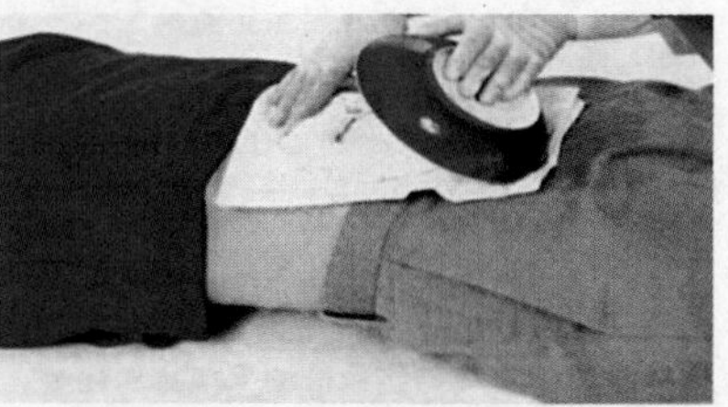

加环形垫圈+盖碗

6）再用一条三角巾做全腹部包扎；

7）伤者双膝间加衬垫，固定双膝，膝盖下垫软垫；

8）等待120到达，随时观察生命体征。

（3）肢体离断伤。

1）伤员的处理。

① 环境安全，做好自我防护；

② 拨打120；

③ 敷料覆盖伤口压迫止血，并用绷带回返式包扎；

④ 如出血多，加压包扎达不到止血目的，可用止血带止血；

⑤ 三角巾大悬臂悬吊伤肢，等待120到达，随时观察生命体征。

2）断肢的处理。

① 干净敷料包裹断肢，也可装入干净塑料袋中再包裹，再将包裹好的断肢放入塑料袋中密封；

② 再放入装有冰块的塑料袋中，交给医务人员；

③ 断肢不能直接放入水或冰中，不能用酒精浸泡。

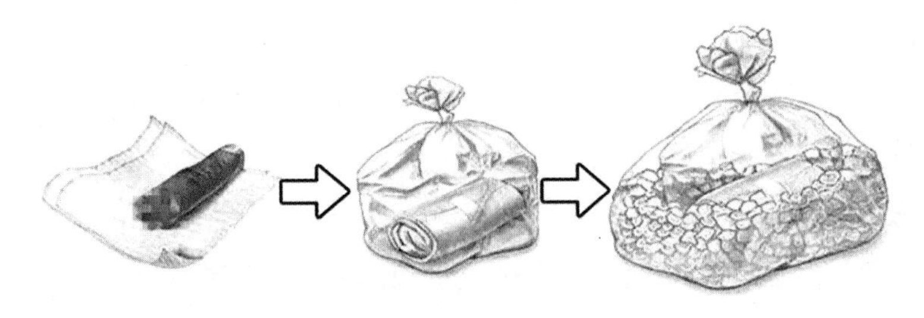

断肢处理示意图

扫描二维码，观看特殊创伤的现场处理视频

常见急症

1. 急性冠状动脉综合征

急性冠状动脉综合征是冠状动脉内不稳定的粥样斑块破裂，导致血栓形成，阻塞血管，引起急性心肌缺血、坏死和心源性猝死的综合征。

（1）急症表现。

胸闷、胸痛、出汗、恶心、呕吐、面色苍白、口唇青紫、濒死感等。

（2）应急救护原则。

1）立即原地静卧休息，解开领口、腰带等，通畅呼吸，如室内则开窗通风；

2）拨打120；

3）正确协助患者服药：

硝酸甘油舌下含服1片（0.5毫克），3~5分钟后如症状不缓解可再含服1片；

或阿司匹林嚼服300毫克。

4）密切观察病情，如出现呼吸、心搏停止，立即心肺复苏；

5）有条件可吸氧。

2. 脑卒中

又称中风，是脑局部血液循环障碍（脑出血或血栓、栓塞引起的缺血）所导致的神经功能缺损综合征。

（1）急症表现。

头痛，呕吐，肢体麻木，运动和语言功能障碍，意识障碍等。

（2）应急救护原则。

1）安置患者于舒适的位置。

2）拨打120或送医院。

3）保持通风，有条件可吸氧。

4）随时观察生命体征，如出现呼吸、心搏停止，立即心肺复苏。

5）禁止患者进食、进水，不要服用降压药。

3. 低血糖

（1）急症表现。

出汗、颤抖、心悸、焦虑、紧张、饥饿感、全身乏力、面色苍白、四肢发冷、脉搏增快等。

（2）应急救护原则。

1）安静平卧，观察生命体征，保持呼吸道通畅；

2）有条件可测血糖水平；

3）意识清醒者鼓励进甜食或糖水；

4）意识不清或极度虚弱无法进食者拨打急救电话，迅速送医院。

破冰开路，护航京广高铁

2019年2月，湖北省遭受较长时间雨雪冰冻灾害，导致为京广高铁石武线牵引站供电的输电线路覆冰断线。国网湖北省电力有限公司迅速组织员工破冰开路，深入现场紧急抢修，并成功进行了湖北电网首次直流融冰实战，确保京广高铁恢复正常通行。

三、单兵装备技能项目图解

1. 单兵装备基本介绍

单兵装备包括作战类装备与生活类装备。背包的好坏会直接影响行军安全，而装包的方式则会影响行军时的舒适感和疲劳程度，所以这里重点介绍背包的选择及装包的要领。

（1）背包。

背包的负重原理基于以下三方面考虑：稳定性、重力传递的合理性、贴合性。其中，重力传递的合理性是背负系统的关键，背包设计的主导思想是将背负的重量分散于人体的整个背部，而不是集中于某一部位。一般户外应急使用容积为60升以上的背包。

装包的要领

- 一般睡袋放在最底层，因为到了营地后睡袋是最后取用的物品；
- 其次放衣物、备用食物等；再放坚硬而体积较小的物品，如燃料、套锅等；帐篷要放在距背包口较近的地方；最后放食品、保暖衣、保温杯等。
- 睡垫、保温杯、较小的帐篷等物品可以放在背包外侧各处夹层口袋里。

单兵装备示意

1—背包；	10—头灯；
2—保暖衣；	11—防爆头灯；
3—个人物品；	12—套锅；
4—帐篷；	13—雪铲；
5—保温杯；	14—睡袋；
6—挡风板；	15—厚手套；
7—收纳盒；	16—餐具；
8—炉头；	17—登山杖；
9—气罐；	18—冲锋衣

背包背负状态

如何背包

1）试背。先放点东西到背包中，让背包有一定分量并撑开，使其接近应急工作实际。接着将背包上的带子放松一些，并背上背包。

2）将臀部固定带系紧。将背包背上后，臀部固定带的位置大约在臀部上方、然后将臀部固定带扣好并拉紧，带子应舒适地环绕在臀部上，如果感到太紧，就再次放松带子后重新调整。拉得过紧可能会造成两侧的骨头痛。

3）拉紧肩带调整带。肩膀上方有一个连接肩带与背包顶袋的肩带调整审，拉紧致其与肩背带呈现45度角，会感到肩上的重量突然变轻。这个调整带可以将背包靠向身体，并将背包的重量转至臀部固定带上，但不可拉得过紧，过紧会使肩背带向后扯，造成肩膀的不舒适。

4）将肩背带拉紧。将肩背带拉紧，使背包靠近自己的身体，但注意背包重量仍应该是落在臀部固定带上。

5）拉紧腹部扣带。先将腹部扣带调整至胸部不会感到压迫的高度，然后扣起并拉紧，让两边的肩背带稍微向内靠近，可减轻肩上的重量，拉紧腹部扣带至双臂可以自由舒适地活动。

6）稍微放松肩背带。稍微将肩背带放松一点点，让背包更多的重量落在臀部固定带上，但是不可放太松，否则会造成背包在行进间容易晃动。

7）都调整完后，最后检查一下，是否大部分的背包重量都在臀部固定带上，而不是在肩膀上。若发现调整完后，肩背带与肩膀间的空隙仍然很大，或是臀部固定带不在臀部上方，可调整背包的背负系统。

专家提示

救援过程中轻松使用重装背包的10个要领：

- 刚开始，脚步可以放缓一点，让身体每个部分都先预热，有个适应的过程，5~10分钟后才加快步伐。
- 不要按照别人的节奏走，按照自己的速度和节奏来行进。不要逞强埋头猛走，这样会消耗大量体力。
- 上下坡时，如果用手去攀拉石块、树枝或藤条，在用力前，一定要用手试拉一下，看看是否能够受力，避免意外受伤。
- 救援工作往往持续时间较长，人体的热量损失大，为了补充体力，需要及时补充水和食物，但不可一次吃太多，每次少吃，但增加吃喝的次数。
- 在救援的时候，喝水以量少次多为原则。主动喝水，不要等口渴了才喝水。一次喝水不可太多，否则身体吸收不了反而增加心脏的负担。在爬大坡之前可以适当地多喝些水。
- 中途休息时不要脱鞋，因为长时间行进脚一定会浮肿，脱了鞋一旦再穿会比较难受。

专家提示

● 行走中的休息要注意长短结合，短多长少。一般途中短暂休息尽量控制在5分钟以内，并且不卸掉背包等装备，以站着休息为主，调整呼吸。长时间行走以每行进60~90分钟休息一次为好，休息时间为15~20分钟，长时间的休息应卸下背包等所有负重装备，先站着调整呼吸2~3分钟才能坐下，不要一停下来就坐下休息，这样会加重心脏负担；可以躺下抬高腿部，让充血的腿部血液尽量回流心脏。

● 鞋带系得太松或太紧，都会使双脚过早出现疲劳，且易受伤。最好用扁平的带状鞋带，不要用圆形的绢状鞋带。因为绳状的鞋带不易系紧、易松开。

● 长时间行进，双脚很容易频繁摩擦受损。可以在双脚与鞋摩擦多的地方，涂些凡士林或油脂类护肤用品，以减少摩擦。

● 因为脚与新鞋尚未磨合，穿新鞋容易使脚疲劳、受伤，所以不要穿新鞋。

（2）帐篷。

应急救援中要考虑是否露营，是否要带帐篷。如果行程超过一天，一般需要准备露营装备。

帐篷组装

帐篷四周固定

帐篷地钉固定方式

帐篷的搭设

在选择搭设地时，要查看地面是否平整，不要嫌麻烦，要多花些时间清除碎石头等异物，这样才能睡个好觉。

如果使用防雨布，一定把外帐盖住，否则下雨时会在帐篷和雨布之间积水。同样，雨布也可以铺到帐篷内使用，可以起到隔水防潮的作用。

帐杆通过帐布或挂钩与帐篷相连，杆头要插进固定器，把帐篷用风绳拉好后，会变得很结实。

帐钉一定要适应营地地面状况。最好的办法是用风绳将帐钉绑在大的物体上，如背包、石头等然后埋在雪里或沙子里。

有风或要离开营地时，帐篷必须要拉上风绳，并且重新固定帐钉。

专家提示

由于帐篷的面料基本都是易燃的，所以尽量不要在帐篷内做饭，而且水蒸气也可以加速帐篷内结霜。更重要的是，汽炉燃烧时释放的一氧化碳在封闭空间内极易引起人的窒息甚至死亡。

炉具挡风板使用方法

（3）其他。

炊具

在野外如何吃得好也是不能忽略的一个问题，有了足够的营养和能量补充，才能获得充沛的体能。户外使用的炉具按照燃料的不同可分为三类:气炉、油炉和酒精炉。

气炉是所有炉具之中最常用、最方便，也是最容易操作的炉具，维修也较简单。气炉使用的是瓦斯，瓦斯的主要成分是甲烷，以气罐形式储存，燃烧时间根据气炉功率、燃烧情况以及使用环境而定，一般约为2小时。

为了使炉子的燃烧更为充分，热效率更高，一般在野外使用炉具时都会使用挡风板将炉子围住，以减少热能的损耗。

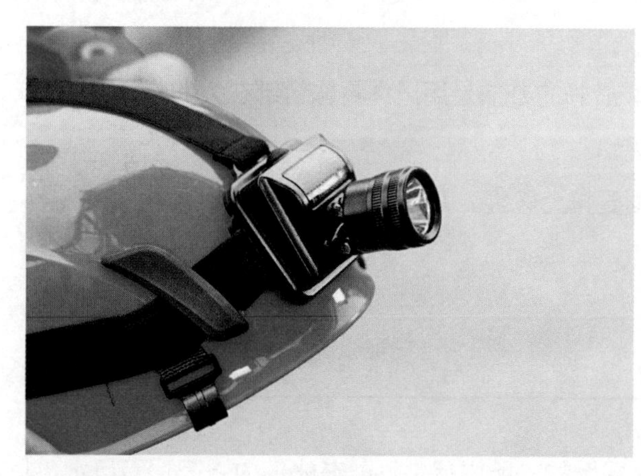
头灯展示

头灯

头灯是户外运动的必备装备，重要性无法替代，任何一次出行，哪怕只有一天活动都必须戴上它。现在的头灯设计越来越轻巧，多为发光二极管（LED），几节电池就可以支撑上百小时。

扫描二维码，观看单兵装备使用技巧视频

2. 绳索技能

在应急救援攀登过程中，绳子要与其他保护装备、固定点及绳子自身发生许多连接，以满足各种实际需要，这就出现了各种各样的绳结。一根绳子是没有生命力的，但一旦赋予它绳结，绳子就立刻变得无所不能了。

“8”字结

绳头从绳前绕到绳后

再从绳后绕回绳前在洞口穿出

“8”字绳展示

在攀登中，“8”字结使用得最频繁，这个绳结一旦打错，后果是致命的。

专家提示

- 受力绳圈要尽量与安全带连紧。
- 绳结连接的部位是安全带的攀登环，并非保护环或其他部位。
- 打好结后一定要将各部位调整顺滑，以保证均衡受力并易于检查。
- 打好结后一定要将绳结收紧，松垮的外形是不安全的。
- 绳尾做好末端处理后，还要留出绳子直径8倍的长度。
- 攀登前一定要再次检查并确认无误。

布林结

布林结展示

在攀登中经常需要设置保护点，常见的天然保护点通常是树、石头或者横杆等。如果再使用“8”字结就显得很费事，这时就可以使用布林结来代替。打布林结方便快捷，大强度受力后依然容易解开，但其在一松一紧受力不稳定时容易松动以至完全脱开，所以在使用时要反复检查，并且一定要打绳尾结。

蝴蝶结

蝴蝶结展示

使用蝴蝶结可以在绳子上做一个非常安全、结实的绳环，蝴蝶结也是登山者结绳时最常使用的结绳方式。

蝴蝶结的优点是打结速度快、简单，可以在绳子间任意地方打结，不需要在绳头的位置打，受力后绳子的两端均可承重；绳结的位置调节便利，但在不受力的情况下容易松开。

平结

平结展示

平结打法简便，但平结只能用来捆扎物体，决不能用于攀登或其他有承重的操作。在平结的绳尾再各打一个防脱结，那么这就是一个很好的平渔人结，可用于下降等操作，而且受力后比渔人结容易解开。

专家提示

● 打平结的方向要正确，两个绳尾下面的是左边压右边，上面是右边压左边，反之亦然。

● 平结只可用于临时连接绳头，决不能用于攀登，如果连接绳头用以攀登等操作，请使用“8”字结、布林结、渔人结等代替。

● 正确的平结将会呈两个绳套相互联结状，每个绳套由绳头与绳身平行组成，一旦打错，将很容易松脱或变成死结。

● 绳子粗细、材质不一时不能用平结连接，绳子太滑或太硬也不能用平结连接，这些因素都会导致绳节松脱。

渔人结

鱼人结展示

打渔人结时，连接两根直径相近的绳子或用同一根绳子的绳头连接后做成绳圈。打好结后，绳尾留出绳子直径8~10倍的长度。

渔人结的优点是强度大、结实、安全性高。渔人结的缺点是受力后不易解开，尤其是湿、细和变软的绳子，此结在使用几次后几乎是无法解开的。

单结

单结展示

单结是连接两根绳子最快的一个绳结，并且容易解开。如果打好后，绳尾留得足够长，那么就可以用于连接绳子后做下降等操作。

单结的优点是简便、受力后容易解开。缺点是如果绳子直径不同，或者绳子变硬后打此绳结容易松脱，使用时对绳子强度的影响较大。

水结

水结展示

水结是用于连接散扁带两端并使之形成一个绳套。但是打上水结的扁带套也容易松脱，强度也没有机械缝制的扁带大，机械缝制的扁带强度通常为22千牛，而打结后的扁带往往达不到。但这样制作出来的扁带，长度可任意调节，可以固定在较大的保护点上，如大树、大石头等。

抓结

抓结展示

打抓结的绳子应比主绳细而软，否则会影响效果，绳头需要用双渔人结连接。当抓结受力时会抓住主绳，不受力时可以在主绳上上下移动。

抓结的优点是打法简便，提供双重保护，在长距离或悬空的下降中可保护制动手不致被烫伤。抓结的缺点是缠绕圈数不好判断，多了会卡死，少了会失效。

专家提示

● 连接抓结绳头的绳结必须是双渔人结，不得使用单结等代替。

● 使用前一定要先进行测试，看是否受力。

● 抓结绳套的直径和缠绕的圈数完全取决于所作用的主绳直径大小和绳子质地的软硬程度。作用在单绳上时，使用一根直径为6毫米的绳套并缠绕3圈。如果主绳较硬，就需要多绕几圈。

● 抓结绳套的接头处（双渔人结）不可以绕到主绳上去。

● 当使用次数过多时要经常检查，一旦起毛或破损必须更换。

● 抓结也可用一根短扁带代替，打法与小绳套相同。

绳尾结

绳尾结展示

绳尾结是打在攀登绳绳头尾端的绳结，目的是防止在下降过程中因绳子长度不够而突然从下降器中脱出。这个绳结在遇到坏天气，如天即将变黑、有大风，或无法看到下降地面时使用，对欠缺经验的攀登者能起到很好的保护作用。

意大利半扣

意大利半扣展示

意大利半扣是任何一个攀登者都必须掌握的一个绳结。因为在攀登中保护器一旦丢失，或者绳子被冻住，就需要这个绳结来临时帮助你完成保护和下降。由于这个绳结的原理是通过绳子扭曲后产生摩擦力从而达到制动效果，所以必须打在“HMS”型铁锁上（即大锁），这种铁锁形状宽大，适宜操作。

扫描二维码，观看绳结打法视频

3. 盘绳技能

一次工作结束后，绳子是立下汗马功劳的，此时绳子可能被胡乱地堆放在一起，上面还有没解开的绳结……这时即使再累，也要花些时间认真地把使用过的绳子盘好理顺，以便在下次使用时得心应手。

普通盘绳

从绳子的一端开始捋绳直至绳尾

每次收同样长度的绳子，并且每股独立分开

收好后在绳子正中间打收尾结

1）如果绳子太重（登山时），可把绳子放在脖子上盘绳，也可放在地下进行。

2）每股绳子要尽可能保持同样长度。

3）盘好后要将绳子放进包内，如果挂在包外，一定要把两侧的绳子用背包带束紧，以免行军中发生钩挂。

4）下次使用时须再次理绳，不可直接抛下，以免里面产生缠绕或者挂住树、岩石等物体。

背绳盘法

在野外攀登时，有时需要走很远的路才能到达，有的路线需要时走时爬，因此，每次都按照普通盘绳方法就显得不太便利，这时通常采取背绳的盘法。

背绳背负状态

扫描二维码，观看盘绳技法视频

4．下降救援技术

根据路线情况的不同，下降分为许多种，如果有小路，选择走下来自然最安全。如果路线相对简单，也可以选择爬下来，还可由保护员放下来和利用绳索技术自行下降。原则上，首选技术操作环节少的下降，但有保护点的绳索下降安全性和效率相对较高，这就要根据具体情况来选择了。

搭建保护点

（1）下降的技术装备。

下降时的技术装备与设置保护点的技术装备基本相同，因为下降往往在保护点设置之后直接进行。

下降所需的技术装备（最少数量）

名称	数量	规格
安全带	1根	攀岩用坐式安全带，腰带宽厚
主锁	3把	丝扣锁
下降器	1套	“8”字环或ATC
长扁带（或菊绳）	1根	长120厘米
抓结	1副	直径6毫米
头盔	1顶	攀登用
手套	1副	可选择

其中，3把主锁分别用于连接自我保护、下降器和抓结，长扁带（或菊绳）用于连接自我保护，抓结主要用于下降过程中的副保护。

（2）下降的操作步骤与要求。

设置自我保护

任何一位攀登者到了高处以后，都要有设置自我保护的意识。因为身处高处的攀登者并不确定脚下是否平稳，所以第一时间给自己设置保护就显得尤为重要。许多攀登者在下降时没有设置自我保护，仅靠手抓绳子操作，有的甚至直接站在岩壁顶上，由于操作空间狭小，很容易出现踩空、挤碰、脚滑等意外情况。

设置自我保护

1）用长扁带（或菊绳）连接安全带的攀登环，用主锁连接后，设置自我保护；

2）自我保护位置选择点要足够安全，并尽可能靠近下降绳；

3）主锁丝扣要拧好并保持纵向受力（即不与连接点挤压或碰撞）。

连接抓结

抓结的主要作用是在下降中起辅助制动保护的作用，当保护器失控时，抓结会与主绳摩擦而起到制动的效果。抓结的粗细长短直接决定了其制动的效果，一般选用直径6毫米，长1米左右的辅绳，用双渔人结连接后使用效果最佳。当抓结连接好后，一定要测试，如果在下降时才发现抓结太紧或失效，那么它不但起不到作用，反而成为累赘。

1）抓结绳套缠绕主绳三圈后，用主锁连接安全带的腿带。圈数视绳子的直径而定，主绳越粗，缠绕圈数越少；

2）抓结平整并起作用（需要原地测试）；

3）拧紧铁锁丝扣。

扣锁

搭建另一个保护点

组建三角保护系统

连接下降器

下降中使用的下降器通常就是保护器，但特殊情况的下降也要考虑到装备的差异。有些保护器只用于保护，如用其下降也是临时的，如 GRIGRI。如果要进行长距离下降（通常超过50m），速度会越来越快，由于绳子与保护器之间的摩擦越来越小，通常会感觉手根本握不紧绳子，此时就要考虑使用长距离专用下降器了，如 STOP、RACK 等。因为这些专用下降器与绳子缠绕的点更多，从而产生的摩擦力会更大。这里仅以常用的“8”字环为例说明。

1）主锁连接“8”字环的大头，并扣入安全带的下降环。

2）下降绳用环绕方式与“8”字环连接。

3）将连好下降绳的“8”字环取出，并将小环与铁锁相连，在保证绳子不扭曲的前提下将丝扣拧好。

4）将多余的下降绳收至最紧。

5）将抓结也收紧至靠近下降器的位置。

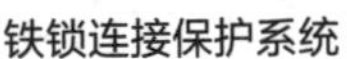
铁锁连接保护系统

在下降端挂下降器并连接安全带

保持下降姿势

系统确认

在下降器和抓结均与绳子连好后，攀登者就可以开始下降了。但在下降前，系统确认的环节是异常重要的，因为一旦解除自我保护就意味着攀登者完全转移到了下降绳上，所以要保证万无一失。

1）确认安全带、头盔等所有装备穿戴无误。

2）确认保护站系统正确无误。

3）确认抓结有效。

4）确认下降器的安装方向正确、无扭曲。

测试保护系统

准备下降

负荷（重量）转移至主绳

1）制动手紧握抓结下方的绳子。

2）此时身体重心下坐，将体重全部转移到下降绳上，使自我保护松弛。身体处于下降姿态。如果预判到自我保护的扁带过短，此时可以将自我保护的扁带接到保护站的主锁里。

3）另一只手解除自我保护，并扣入安全带的装备环。

开始下降

下降结束、解除装备

1）下降者保持身体平稳，避免踩踏绳子；

2）将连接下降绳的“8”字环从主锁中取出，并扣进“8”字环的大环。将下降绳从“8”字环中取出；

3）将连接“8”字环的主锁扣进安全带的装备环；

4）将抓结从主绳上取下，并连同主锁一起扣进安全带的装备环；

5）将下降绳理顺，避免缠绕、扭曲。

（3）下降的基本技术动作。

一旦下降开始，攀登者就可以开始享受这美好的过程了。按照场地的不同，下降可分为坡面下降和悬空下降。其中坡面下降通常在岩壁、大坝等有坡度的面上进行，而悬空下降多为桥降、高台下降等。由于悬空下降技术简单，这里以坡面下降为例说明。

绳子的位置

下降时，一般将绳子置于制动手的一侧。但悬空下降时，多将绳子垂于两腿之间。

身体的姿势

双脚开立，与肩同宽或略宽于肩，使身体成稳固的正三角形。脚掌尽可能与下降坡面接触，微微屈膝，并轻点岩壁。上半身要保持直立，头略向后仰，以免握绳太紧，烫到自己的皮肤，或头发卷进下降器中。整个身体要保持放松状态，不要紧绷，以免因动作僵硬、走形而引发肌肉痉挛。

下降的动作

双脚轻蹬岩壁或坡面，保持匀速下降。切忌双腿猛蹬岩壁快速下降，这样会造成绳子的摆动过大而增大顶端的摩擦力，严重时会将绳皮磨破。速度不均也会造成下降时一顿一顿的，对保护点的冲击力也很大。要避免这些情况的发生，就要求制动手有良好的控制感觉，还需要有对抓结的良好控制。制动手（右手）握住抓结下方的绳子，与此同时，导向手（左手）应握住抓结并匀速向下推抓结。

路线的选择

在整个下降过程中，攀登者要密切注视下降路线，避免绳子和身体与下降坡面产生摩擦或不必要的接触，这一点在岩壁上和野外下降时更需要额外注意。如果路线选择不当，加上下降速度过快，严重的还会造成攀登者受伤。快接近地面时，注意绳子的位置，避免踩踏。

（4）下降中的保护与制动技术。

在攀登中，除去在收绳时下降以外，还有很多操作环节会用到下降技术，如岩壁的开线、清理路线，甚至拍照等。这时，就需要保护者在攀登者下降时对其实施保护制动，或攀登者进行自我保护与制动。

下方保护者徒手保护的动作要领

1）在下降者准备翻出下降坡面的时候，保护者双手握住下降绳。

2）当下降者解除自我保护后，保护者手抓绳子，保持一定松度。

3）保护者始终抓绳，根据下降者下降的速度调整松紧度，直至下降者落地。

4）保护者应站在下降者的侧后方，并佩戴头盔。

5）保护者必须全程密切注视下降者，并随时提醒其可能出现的危险。

攀登者的自我制动技术

1）使用抓结制动。如果下降前打了抓结并经测试有效，在下降过程中如需制动，双手可以慢慢松开抓结，此时身体重量立即转移至抓结上，就实现了制动。这种方法简便、行之有效，但对抓结的要求很高。抓结打的位置要适中，如果太靠近下降器，在制动时可能会卷入下降器中，再想解开就非常困难了；如果太短，受力后也会卡死，要想推动它也很费力。此外，有的攀登者习惯将抓结打在下降器的上方，需要制动时一定要慎重，如果长度过长，受力后可能手无法够及，这些都会令攀登者异常头疼。

2）绳子绕腿制动。这种制动的方法比较古老，但效率也很高。具体方法是将制动手一侧的绳子提起，环绕在大腿正中的位置至少3圈。有一点要注意，就是无论绕还是解除时，制动手都不得离开绳子。由于这种制动方法是靠绳子与腿产生摩擦生效，所以对大腿的压力很大，严重影响血液循环，时间一久就产生腿麻、痉挛等症状，所以只用在短时间的制动。

3）使用制动绳结制动。如果要在半空长时间制动，通常使用下降器“8”字环和ATC 来的制动。

①“8”字环制动：在“8”字环上制动是比较简单的，即将制动手上的绳子上提并回压到绳子里，重复两次即可。

② ATC制动：在这类保护器上制动时，需要使用防脱结，使用这个绳结是最安全的办法。该绳结也是在许多救援系统中经常使用的，能够较好地实现制动并将攀登者的重量转移出来。

注意事项与经验分享

1）下降时如果遇到屋檐或陡坎，先将身体重心后坐至屋檐下方时再将双腿离开，以免碰上头部和身体。

2）打抓结的位置要适中，距离下降器越近，越容易卡到下降器里面，手套也容易卷进去。

3）任何时候都要记得打绳尾停止结，即使下降者肉眼可以看见绳子落地。这是一种良好的操作习惯，一旦养成，会终身受益。

4）任何情况下的下降都要匀速缓慢，不要一味追求速度，更不要握绳后在岩壁上荡来荡去，或与岩壁接触的一刹那用脚猛蹬岩壁，这些大幅度的摆荡无论对绳子还是保护点都是一次巨大的冲击，这样做是拿自己的生命开玩笑。

5）下降过程中，头、脸、头发、衣服都要尽量远离下降器，以免烫伤或者卷到里面去。有长头发的女孩子应当把头发扎起来，或者带上头巾。要是还不放心，还可以用一根扁带延长下降器与身体的距离，这样就万无一失了。

扫描二维码，观看下降救援技术视频

电力救援

砥柱中流，迎战特大洪灾

2016年6月30日至7月2日，湖北省遭遇强降雨袭击，97万用户停电。国网湖北省电力有限公司万余名员工奋战一线，确保了防汛重点变电站、重要输电通道的安全，确保了泵站及防汛设施的电力供应，全省主网保持安全稳定运行。

四、水域救援技能项目图解

1. 冲锋舟基本介绍

冲锋舟广泛用于运送救援人员进入灾害区域开展救援工作，及时转移受灾群众、伤员，以及向运送灾区急需物资等。冲锋舟舟体材料大多由玻璃纤维增强塑料（俗称“玻璃钢”）、胶合板和橡胶布等组成。水上多用船外机驱动，也可用桨操行。

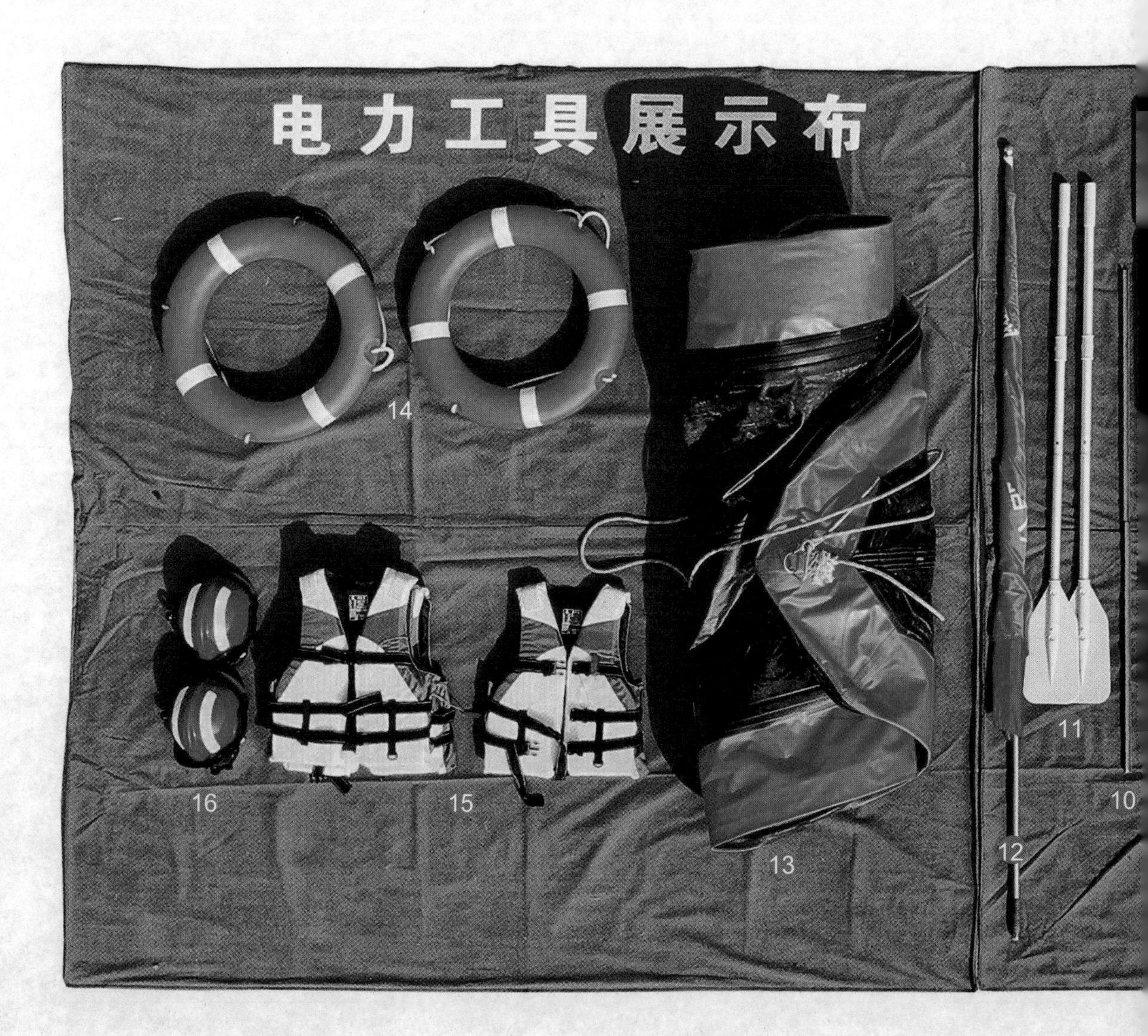

2．不同水域冲锋舟的选择

● 在水域地形复杂、湍急洪水中，水面漂浮物较多，水下环境不明或被救人员较多的情况下多数选择玻璃钢冲锋舟。

● 在水域开放、湖泊等较平稳水流中，水域地形相对简单；水面无漂浮物，被困人员较少，且水域距离岸边较远，需人力运送冲锋舟的情况下，选择充气式橡皮艇。

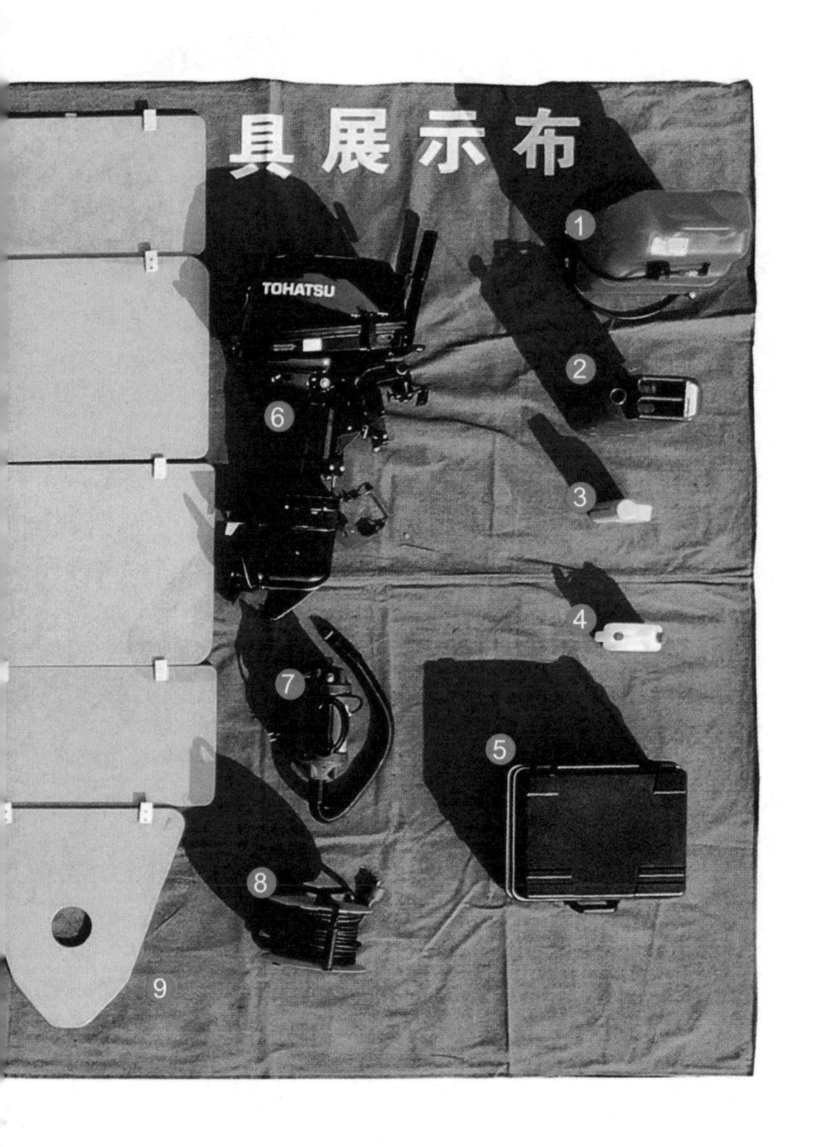

充气式橡皮艇组件及相关工具

1—悬挂机油桶；
2—汽油桶；
3—二冲程机油；
4—混合油配比壶；
5—维修工具箱；
6—冲锋舟悬挂机；
7—充气泵；
8—电源线盘；
9—船舱夹板；
10—夹板固定边条；
11—手动划桨；
12—应急救援旗帜；
13—橡皮艇冲锋舟；
14—救生圈；
15—救生衣；
16—救援头盔

3. 充气式橡皮艇的安装和拆卸

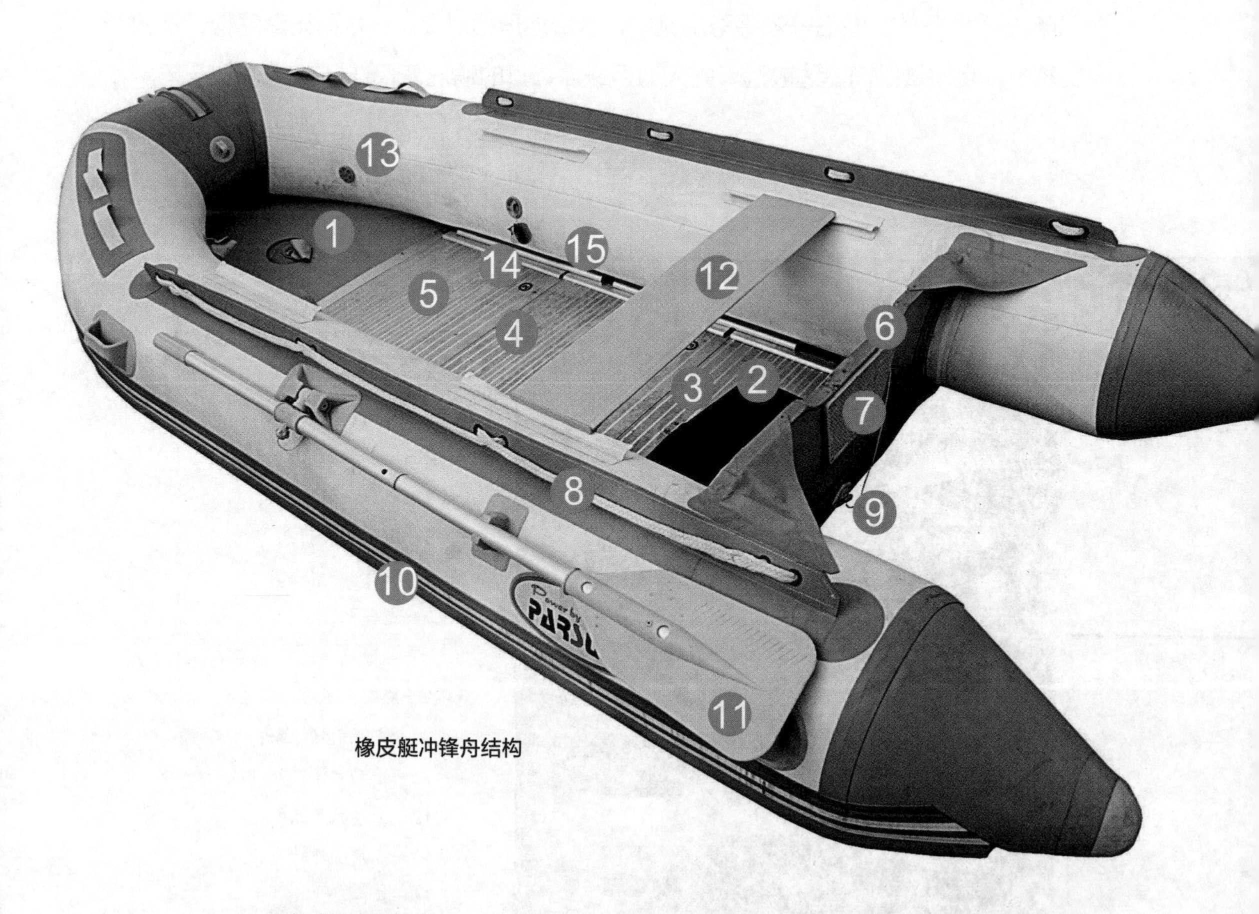

橡皮艇冲锋舟结构

充气式橡皮艇结构

1—龙骨；2—踏板1；3—踏板2；4—踏板3；

5—踏板4；6—挂机板；7—防滑件；8—安全带；

9—排水阀；10—护舷；11—桨；12—连接板；

13—充气嘴；14—边条；15—长边条

安装步骤

首先开箱检查零配件→在清洁平整地将船体展开（将龙骨铺直）→安装好各个充气阀门。

（1）船仓底板的安装。

1）底板先装首、尾1号板和4号板。

2）再将2号板和3号板同时安装，对齐，将板与板之间隆拱处用力按下，直至安装完成。

3）边条的安装。安装前，要将1~4号底板左右两边对齐，先装两头短条，再装中间长条；注意边条的槽的方向，摆放好后可用脚踩压到位。

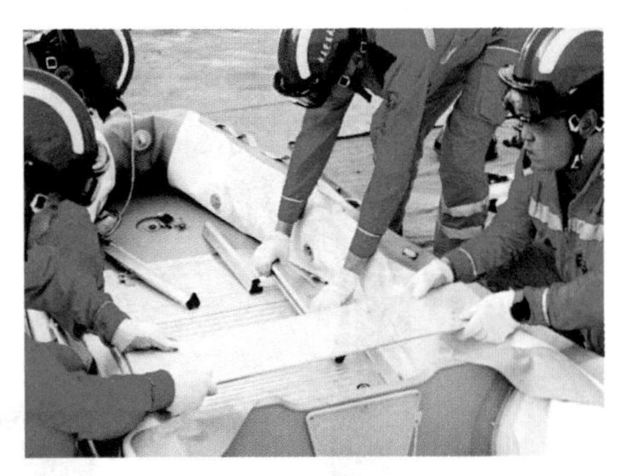

冲锋舟拼装座板

（2）充气。

由舷筒从尾到首，不可一次充足（工作压力为120毫米汞柱），各气室充起后依次从首到尾补；如气充不进时，可拧松充气阀，充好后再拧紧。

冲锋舟舱体充气

拆卸步骤

1）使用完冲锋舟后进行外观检查。

2）将船体进行清洁。

3）将船体气仓内的空气排出2/3，将船舱地板的边条拆除，再将地板拆除（拆除顺序与安装顺序相反）。

4）将船体气仓内的所有空气排出。

5）将船体收纳好。

4．悬挂机装设步骤

开箱取出舷外机→对照配件表检查属具、配件。

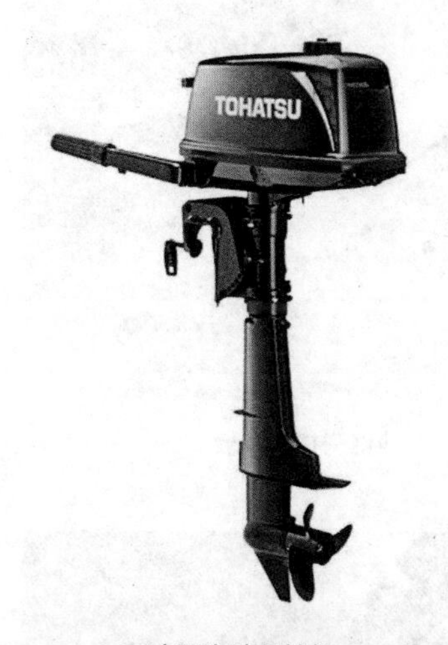

二冲程汽油悬挂机

装机

1）装好控油阀手柄，大小齿轮应对应。

2）将舷外挂机安置在舟体上。

3）拧紧紧固螺栓，将舷外机固定在挂机板的防滑件上。

所需汽油及机油

初次按汽油1升、机油50毫升比例，以后可按1升：25毫升

油箱油管连接二冲程悬挂机

油壶加注汽油

按油压泵供油

安装油管（注意防尘防灰）→油箱装油（初次按汽油1升、机油50毫升比例，以后可按1升：25毫升配比）→捏动气囊（手动泵）上油到机器。

启动钥匙

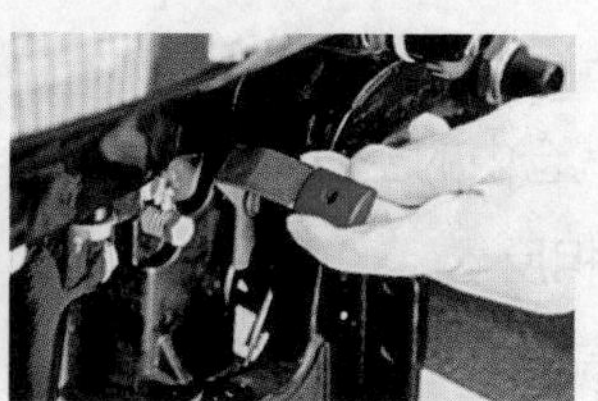

调节机位装置

停机、关闭燃油旋扭→扳动翻转锁操作杆，将机器翻起，松动紧固螺栓，抬起机器（不要抬螺旋桨），存放时螺旋桨不要受力负重。

专家提示

● 检查燃油箱的油量、燃油滤清器内有无水和碎屑。

● 每次开机后确认有冷却水从排水口喷出。

● 检查启动手柄上的拉绳是否有磨损。

● 检查螺旋桨是否有弯曲或叶片损伤。

● 安装舷外机时，要检查紧固螺栓是否拧好、挂机是否安装正确；安装时机器冷却水入口要在水中。冬季环境温度低至0摄氏度时，使用后要将机器垂直以放完冷却水。

5. 水域驾驶基本要求

离泊

1）启动机器，拉动启动手柄（先慢后快）。

2）将安全绳一头套在手腕，另一头插在停止开关上。

3）解缆、将冲锋舟推离码头，缓慢驶离。

启动拉绳

靠泊

1）近码头控制好车速、适时停车（空挡）。

2）系缆至固定的物体上稳固船身。

航行操纵

1）推动操纵杆左右来控制冲锋舟行进方向。

2）转动控油手柄控制舷外机转速的大小，启动时不要太急。

3）通过对舷外机排档杆位选择确定车的进、倒、停，如拔掉安全锁机器立即停转。

4）操纵时应避免使用大舵角，尤其是在高速航行或有大风、大浪时。

负载

1）人员乘坐时姿势应保持低重心，一是让操纵者有视线良好、二是保证乘员安全尤其要注意风浪。

2）如携带有笨重器材出艇，应设法将其固定在底板上（严禁超载）。

3）人员和器材上艇时，应尽可能让冲锋舟负载均衡（艇略有首纵倾）。

6. 航行避让规则

任何时候均应当以安全航速行驶。安全航速应考虑的因素：

外界

1）能见度情况。

2）通航密度情况。

3）艇的操纵性能（稳向、旋回、启、停）。

4）风、浪、流及航道情况和周围环境。

人员

1）操艇的熟练程度。

2）水域情况的掌握。

专家提示

航线为逆时针方向旋转，各自靠右，左手侧会让。

7. 船只存放要求及注意事项

橡皮艇存放

1）使用完后，须将橡皮艇体清洗干净，清理净沙粒、油垢，保持艇体清新、整洁。

2）长期存放的需用中性洗剂清洗，洗后晾干（放在阴凉处自然晾干）。

3）严禁用汽油等有机洗涤剂清洗、擦洗艇体。

4）存放处环境是阴凉干燥、通风良好的地方，避免阳光强照，冬季温度不能低于-5摄氏度。

5）一些特别冷的地区，长时间不用需冲7分满左右气平放，长时间没人照看时不要立着放，有时艇会轻微泄气，长时间立着放浮筒泄气后容易倒掉。充七八分气平放较好。另外，长时间存放需当心小动物咬损。

玻璃钢冲锋舟存放

将船体清理干净放置阴凉通风的地方，避免曝晒。

8．水域救援队伍及装备介绍

穿戴救生衣和安全头盔

队伍

队长（指挥员）

负责指挥救援行动及对外联络。

上游观察员

位于上游处，担任警戒工作，以防止上游漂流物危及救援人员。

水中救生员

由水性好的队员担任，执行入水、涉水救援任务。

岸上救生员

如需绳索救援时，负责架设绳索及操作相关救援器材。

安全员

负责救援人员的安全维护工作。

通信员

负责建立通信网络，明确救援队伍和指挥部通信方式和频率；维护保养通信设备，保障设备完整好用；建立航拍和图传设备系统。

安全评估专家

负责对现场周边情况、救援措施的合理性等进行安全评估。

医疗官

负责现场被困人员情绪安抚和紧急医疗急救。

舟艇驾驶员

负责专业驾驶舟艇，转移救助被困人员。

信息员

负责收集整理救援现场各种信息，做好救援日志记录。

辅助人员

担任事务性工作，负责协助救援人员整理器材、器材装备技术保障及运送被救者。

个人装备

● 水域救援头盔以强化聚合物制成，内有泡棉质轻舒适，其上有开孔用于透气和排水，为避免妨碍视线和增加阻力，均以无帽檐形式设计。

● 水域救援服。为防止水域温度低导致救援人员产生疲劳、抽筋甚至失温现象，救援人员必须穿着水域救援服。

● 用于救援人员装着的浮力马甲，在紧急救援等情况下可使救援人员不需要自力而浮出水面。

● 哨子以无滚珠的哨子为宜，因为滚珠在水中浸泡后很难发出声音。

调节救生衣松紧

扫描二维码，观看冲锋舟安装及使用教学视频

五、应急供电装置项目图解

1. 自装卸发电机的结构

自装卸发电机实物图

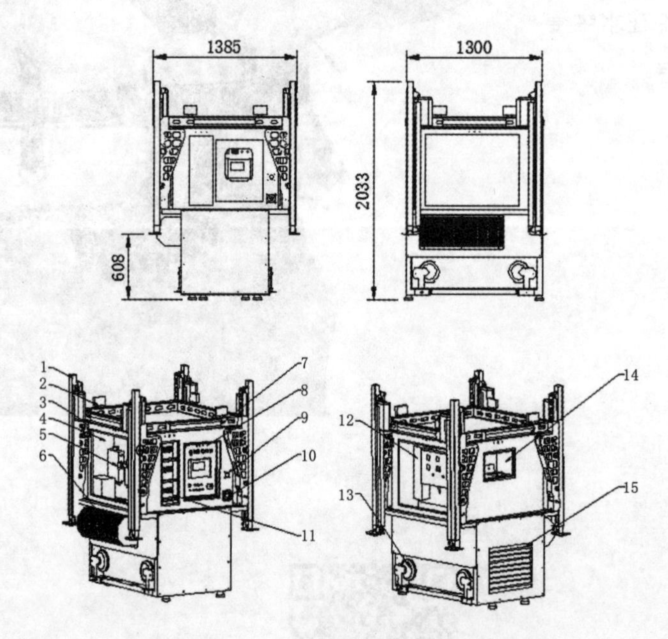

自装卸发电机结构图

1—支腿和支腿电缸；2—聚光灯；3—支腿展开电缸罩；4—储物仓；5—加注冷却液/柴油滤清器；6—排气管；7—护栏灯；8—控制面板；9—AC220V充电口；10—急停按钮；11—AC220V输出仓；12—AC380V输出/并机接口；13—8寸重型脚轮；14—加油口；15—水箱出风口

排水方舱面板说明

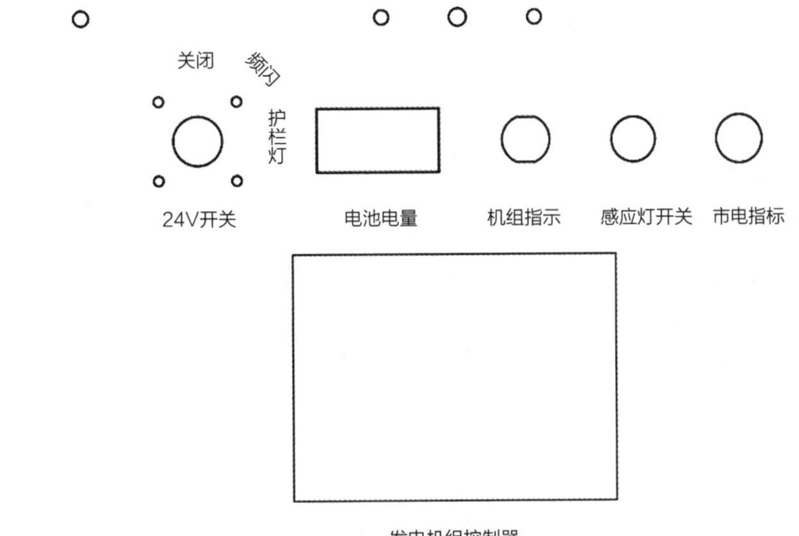

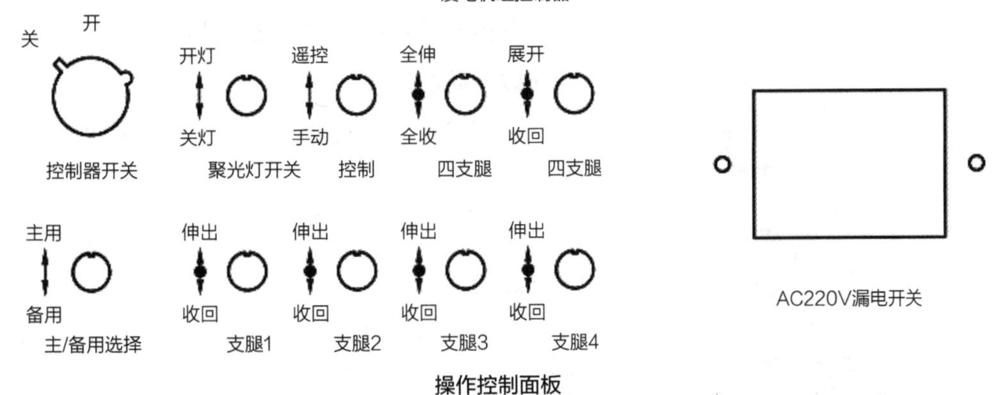

操作控制面板

（1）24V三挡开关 24V开关拨到频闪或护栏灯可以开启电池供电，机体才可以接通12V/24V电源。

（2）电量显示表 显示铅酸电池电量，查看电池电量是否大于15%，若电量不足请充电。

（3）机组指示 灯亮表示由发电机供电。

（4）感应灯开关 控制面板照明灯，关门关灯，开门开灯。

（5）市电指示 灯亮表示由市电供电。

（6）机组控制器 显示发电机组工作状态。

（7）控制器开关　开关拨至开，发电机组控制器才可以接通电源。

（8）主用/备用　多台设备并机选用一台做主机供电/独立一台使用输出供电。

（9）遥控/手动　调到上面对应遥控模式，可以用遥控器控制支腿部分；调到下面对应手动模式，可以用面板调钮控制支腿部分。

（10）支腿1～4伸出/收回　控制单个支腿动作。

（11）聚光灯开关　控制聚光灯开灯、关灯。

（12）四支腿全伸/全收　可以同时控制四支腿伸出与收回。

（13）四支腿展开/收缩　可以控制小电缸收展摆臂。

（14）AC220V漏电开关　合闸时，机体才能接入交流220伏电源。

遥控器说明

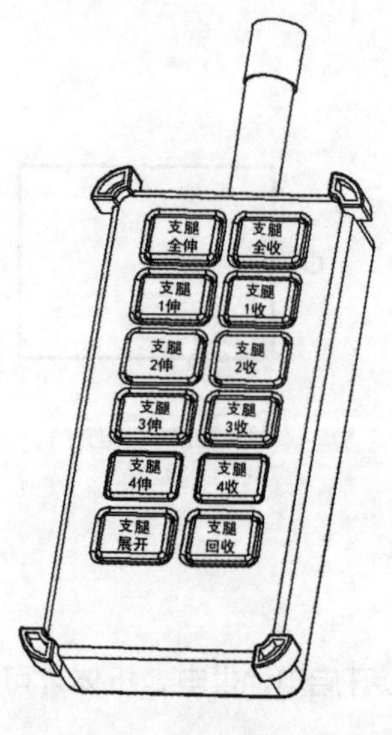

遥控器

按键说明：

在控制面板把遥控手动模式调到遥控位置后才可以使用遥控器操作。

支腿展开/支腿回收：可以同时控制四支腿小电缸收展摆臂。

支腿全伸/支腿全收：可以同时控制四支腿伸出与收回。

支腿1～4伸出/收回：可以分别控制单个支腿动作。

2．自装卸发电机使用介绍

试运行

（1）单台机组调试。

1）检查控制器参数配置；

2）检查机组接线，检查机组之间MSC CAN 连线；（例3台机组连接正常，同步页显示模块总数3）；

3）手动开机，检查发动机与发电机数据是否正常；

4）手动开机，开关合、分闸是否正常；

5）手动开机，合闸后，发电频率是否可以调整到额定频率（例如，额定频率设置为52赫兹、48赫兹）；

6）手动开机，合闸后，发电电压是否可以调整到额定电压（例如，额定电压设置为240、220伏）；

7）手动开机带载，观察发电功率因数、有功功率、无功功率是否正常，如果功率因数、有功功率、无功功率有负值，检查发电电压与电流的相序，电流互感器的进线方向，电流互感器的二次电流同名端；

8）手动开机，单机按国标做发电机组性能测试。

（2）空载手动并联。

1）手动合闸并联，观察发电机组同步并联是否平稳，合闸冲击电流是否过大；

2）机组空载并联后，观察电流显示是否有很大的环流；

3）机组空载并联后，观察有功功率、无功功率输出是否为零，如不为零观察是否有功率振荡的现象，如果有，可以适当调整功率控制的增益与稳定度值，或调整发动机GOV或发电机 AVR上的增益、稳定度电位器使之有功功率、无功功率不振荡，输出显示接近零。

（3）带载手动并联。

1）手动并联后，做带载试验，观察各个机组的有功、无功功率分配是否均匀；

2）手动并联后，做软加载试验，观察在加载过程中是否有非常大的过冲或功率振荡现象，如有可适当调整带载斜率；

3）手动并联加载后，做软卸载试验；观察发电机组卸载是否达到最小带载百分比设定值后分闸；

4）手动并联后，做负载突加，突卸试验，观察机组是否有功率振荡现象。

（4）全自动并联。

控制器在自动状态下，开关量输入口远程开机带载（按需求）有效时，根据用户要求做全自动并联、开机、停机试验，自动并联方案有以下3种：

1）按需求开机：优先级最高的模块首先开机，当负载大于模块设定的开机最大百分比时，次优先级的模块开机，同步并联，带载均分。当负载小于模块设定的停机最小百分比时，次优先级的模块停机延时完后，分闸散热停机。

2）全部开机：所有模块全部同时开机，首先达到带载条件的模块先合闸，其他模块达到带载条件后，一一同步并联。然后模块检测负载，当负载小于模块设定的停机最小百分比时，先级小的模块停机延时完后，分闸散热停机。当负载大于模块设定的开机最大百分比时，剩余未开机的机组再次全部开机。

3）均衡发动机运行时间：发动机累计运行时间少的发电机组首先开机。当运行中的机组运行时间大于其它机组均衡发动机运行时间时，调度其它运行时间最少的机组开机（可按需求开机、全部开机两种模式），其他机组同步并联后。自己分闸卸载停机。所有的发电机组按均衡发动机运行时间的大小轮流循环自动开停机。

（5）并联示意图。

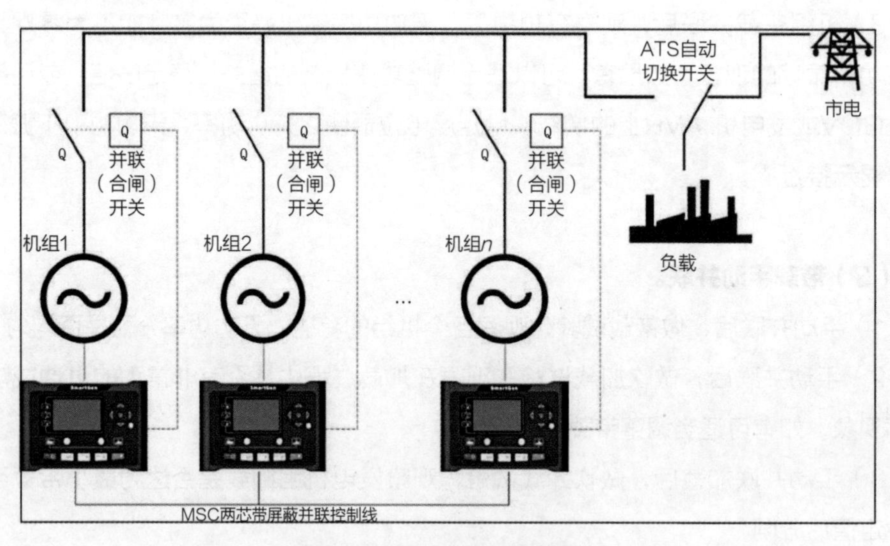

发电机组控制器多机并联应用图

注意：发电机组控制器可以通过一个可编程输入口来选择与市电并联功能，在市电并联模式下，发电与市电并联，发电机组只能以固定功率输出（负载模式设置为发电控制模式）。

（6）负载输出使用示意图。

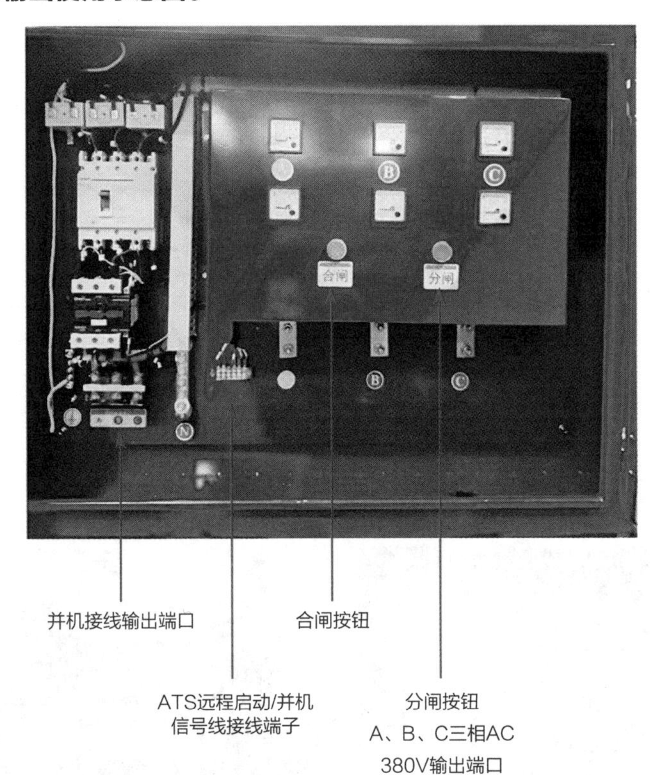

负载输出使用示意图

自装卸发电机装车操作步骤

（1）启动24V开关至频闪。

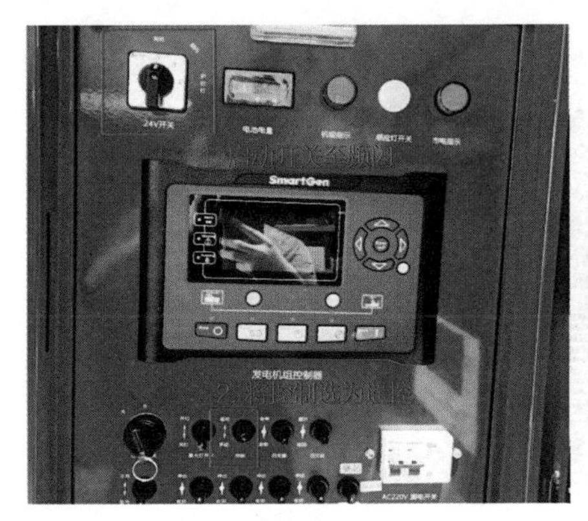

启动24V开关至频闪

启动24V开关至频闪

（2）将控制按钮选为遥控控制。

将控制按钮选为遥控控制

（3）使用遥控长按支腿展开按钮，将支腿展开。

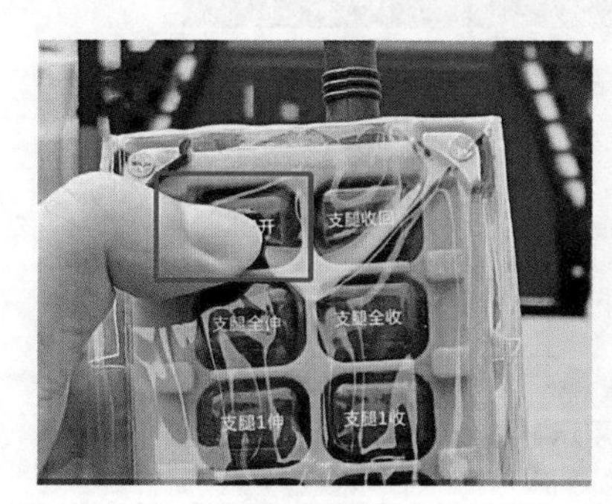

支腿展开

使用遥控长按支腿展开

（4）支腿展开后，插入插销固定支腿。

支腿展开后插入螺钉固定支腿

（5）继续使用遥控长按支腿全伸按钮，将支腿升上去。

长按支腿全伸

使用遥控长按支腿全伸

（6）自装卸发电机升起一定高度后，拉起锁环，将脚轮推向一边向上翻转，再推回原来位置，收起脚轮。

收起脚轮

（7）继续使用遥控长按支腿全伸，将发电机升至最高，将皮卡车倒入下方。

将车辆倒入下方

（8）使用遥控长按支腿全收。

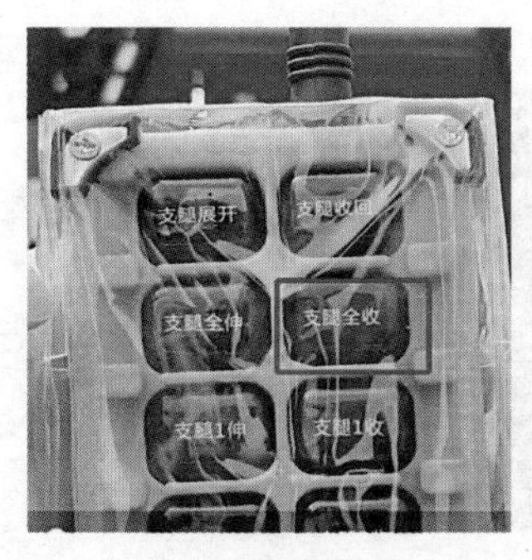

支腿全收

支腿全收状态

（9）将四个插销拔出，继续使用遥控长按支腿收回，即可完成装车。

将插销拔出

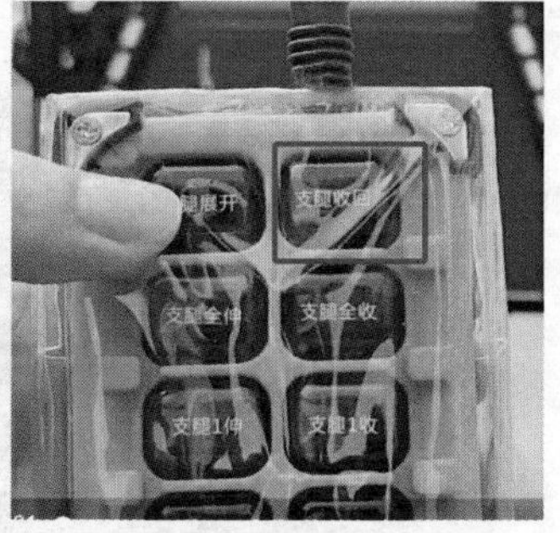

长按支腿收回

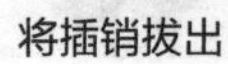

自装卸发电机卸车操作步骤

（1）将皮卡车开至平坦空旷位置，启动24V开关至频闪，将面板的控制选为遥控。

启动24V开关至频闪并将控制改为遥控

（2）使用遥控器长按支腿展开。

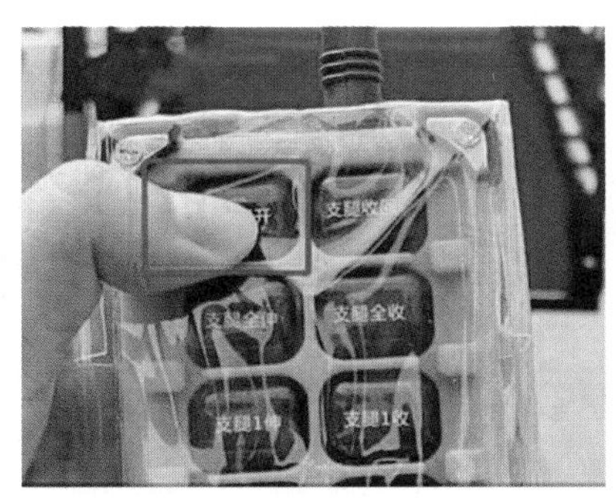

支腿展开

长按支腿展开

（3）支腿展开后，插入四个插销，固定支腿。

插入插销

（4）继续使用遥控长按支腿全伸，直至发电机升到最高时。

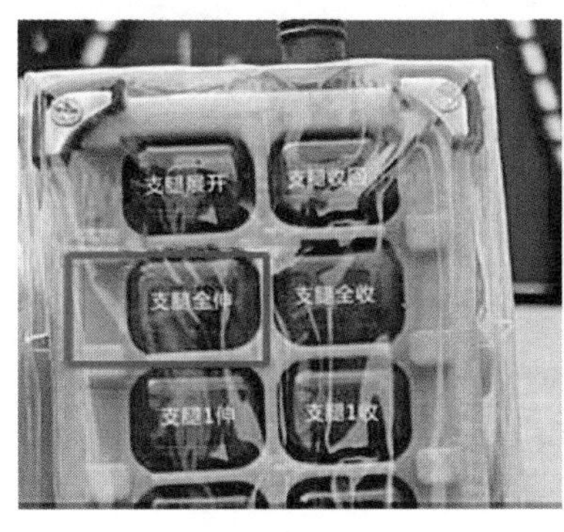

长按支腿全伸

支腿全伸状态

（5）将皮卡车向前开出，使用遥控长按支腿全收按钮，快落地时，将脚轮放出。

支腿全收

将脚轮放出

（6）继续长按支腿全收，落地后，卸车完毕。

卸车完毕状态

自装卸发电机操作使用步骤

（1）启动发电机开关。

启动发电机开关

（2）点击manual（手动）-Start（启动）启动发电机组控制器即可。

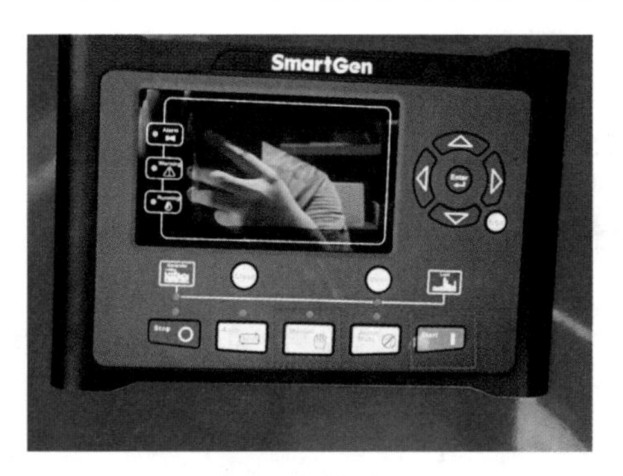

发电机组控制器

3．使用中和使用后的注意事项

安全注意事项

⚠ 危险 本机组的排气具有毒性

切勿在封闭的场所使用本发电机组，本发电机组的排气可在短时间内导致人昏迷甚至死亡。请在通风良好的场所使用。

⚠ 危险 本机组燃油可燃性极高并具有毒性

1. 注意在加注燃油时，务必将发电机关闭。
2. 切勿在抽烟或在有火焰的地方进行加油。
3. 注意加油时切勿使燃油溢出或洒漏在发动机及消音器上。
4. 若吞喝汽油、吸入燃油废气或使其进入眼睛，务必立即求医救治。
5. 在操作或移动时，请您保持发电机直立。发电机倾斜，燃油会从化油器及油箱中泄漏的危险。

⚠ 警告 发动机及消音器会散发热量

1. 请将本发电机组放置在路人及儿童无法触及的地方。

2. 在本发电机组运行时，切勿在排气口附近放置任何可燃物品。

3. 本发电机组运转时与建筑物或其他装置间的距离应保持至少1米以上，否则，本发电机会产生过热现象。

4. 在本发电机组运转时，切勿覆盖防尘罩。附近切切勿放置任何可燃物品。

危险 防止触电

1. 切勿在雨雪天气中使用本发电机组。

2. 切勿湿手触摸运转中的本机组，否则会有触电危险。

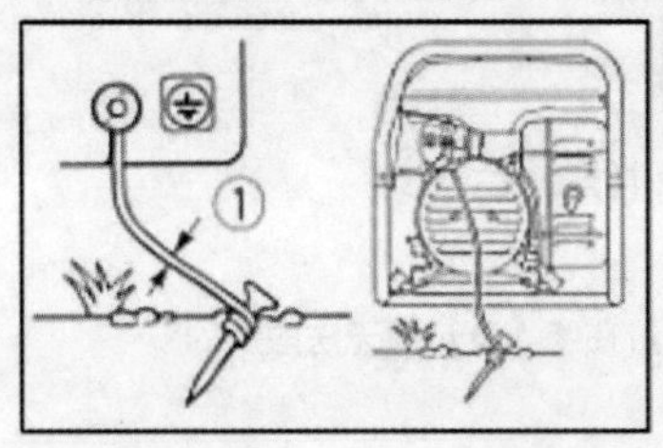

注意 务必连接好地线，地线选用4毫米^{2}以上的导线。

机油维护

本发电机组出厂时未加注机油，使用前必须先加注机油。否则将造成发动机永久损坏。

（1）机油加注口。机油质量标准，请选用SJ或SG以上级别的产品，型号为15W-30的汽油机油（高寒地区应选择型号为5W-30)。加注机油时，应逆时针旋转摘掉黄色注油盖，将机油注入。一分钟后检查机油油位是否合适。

（2）机油油位：拔出机油标尺，检查机油油位，应在［ADD］与［FULL］之间，以靠近［FULL］为佳，但不能超限。

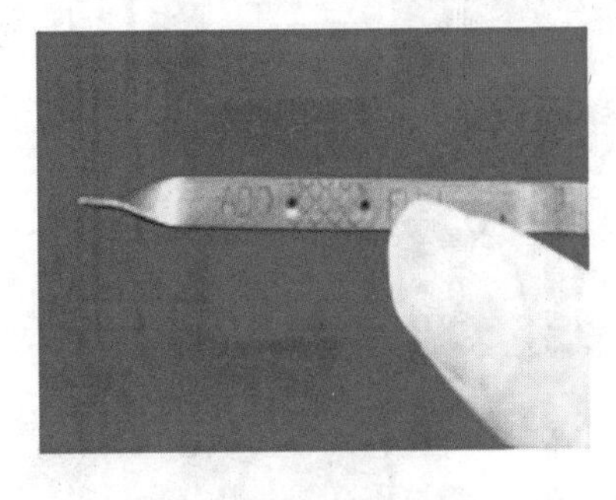

（3）若机油过量，发电机组也不能正常工作。请通过放油口，将多余机油放出。

六、充气帐篷使用项目图解

1. 充气帐篷介绍

充气帐篷所有零件均采用一体化配置，体量轻、无焊接、精度高，方便携带和快捷搭建，广泛用于救灾指挥、灾后应急医疗救治、救灾物资中转贮存及人员住宿等。这里介绍的是充气帐篷作为应急指挥部的搭建及相关事项。

2. 选址

充气帐篷选址以安全、平坦、避风、近水、环保为原则。

安全：排查周围环境一切可能的危险因素，采取措施消除或防范，确保营地免受余震、洪水、滑坡、泥石流、大风等灾害因素的威胁。

平坦：选择平坦的地带搭建营地，远离悬崖。

避风：躲避风口，背风搭建帐篷，可靠锚固。

近水：临近水源，但不得靠得太近。

环保：保护生态环境，不得污染水源和空气，不得乱扔垃圾。

3. 搭建和拆卸

首先，将帐篷从包装袋中取出，铺于地面（确保地面平整无尖锐物）并完全展开，将帐篷拉平定位。

（1）帐篷的充气与加固

检查发电机机油油位

检查发电机汽油

打开发电机总开关

检查负载开关处于关闭状态

打开油路开关

拉动拉盘线，启动后打开风门、打开负荷开关

连接线缆盘、插上充气泵

连接气泵

通过充气孔对帐篷进行充气

检查发电机机油油位 → 检测发电机汽油 → 打开发电机总开关 →检查负载开关处于关闭状态 → 打开油路开关 → 拉动盘线，启动后打开风门、打开负荷开关 → 连接线缆盘、插上充气泵 → 连接气泵 → 通过充气孔对帐篷进行充气。

（2）拆卸

1）解开固定拉绳并挽起。

2）逆时针旋下阀塞，按下阀芯，使气体放出，再将电动泵的充气导管旋转锁定到电动泵排气口上，用排气口对准阀口，然后将残余气体抽净并将全部阀盖拧紧。

3）折叠时将帐篷沿横向左右向内对折，再对折，然后沿纵向朝一个方向顺序折叠，装入包装袋内。

专家提示

● 发电机应在通风良好的环境下使用。

● 发电机启动前必须安装接地线。

●首次充气气压不允许超过13.3千帕，待充气后各气柱完全展开后，过5分钟，进行补气提压，但最高压力不允许超过20千帕，根据环境温度充气压可适当提高与酌减，防止气囊爆裂。

● 固定帐篷的拉绳与地布对角线方向对齐或者与帐篷成45度角方向。

●帐篷下沿四周应挖出排水沟并将培土帘以土压实，成斜面以引流雨水。培土帘禁止外露。

● 不得与尖硬物体接触，以免划伤气柱；不得与高温物体及明火接近。因充气式帐篷随着温度的变化，气压也随之变化，因此在使用时，要根据天气温度的变化，适当调整气压，适时进行充、放气。

扫描二维码，观看新型指挥部搭建教学视频

电网企业应急管理知识

应急技能项目图解

移动应急单兵项目图解

典型事故案例处置与分析

一、移动应急单兵设备介绍

移动应急单兵设备展示

应急事件往往会发生在偏远地区，其本身的突发性和不确定性给应急指挥提出了苛刻要求，要实现总部应急指挥中心对应急一线现场的远程指挥，面对多变的应急情况，需要配备具有针对性的各种应急装备，完成在现场临时指挥部建设、应急通信支撑、高空应急勘查等各种场景的应用，为总部应急指挥中心对现场应急的进展研判、远程指挥、物资调配提供有力支持。

二、移动应急单兵设备使用

1. 掌上移动通信指挥终端

掌上移动通信指挥终端具有“运营商网络+天通卫星网络+窄带集群”的三网同步融合能力，可在“断路、断电、断网”的极端情况下，为一线应急人员仅可区域范围内使用的集群对讲设备提供卫星网络覆盖、扩展，实现对讲机与应急指挥中心、其他指挥人员手机、其他卫星电话等的互联互通，打通“最后一公里”的应急通信壁垒。

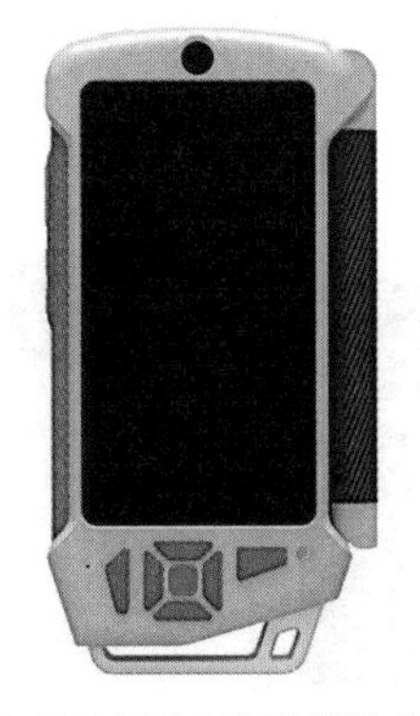

掌上移动通信指挥终端实物图

掌上移动通信指挥终端及其附件

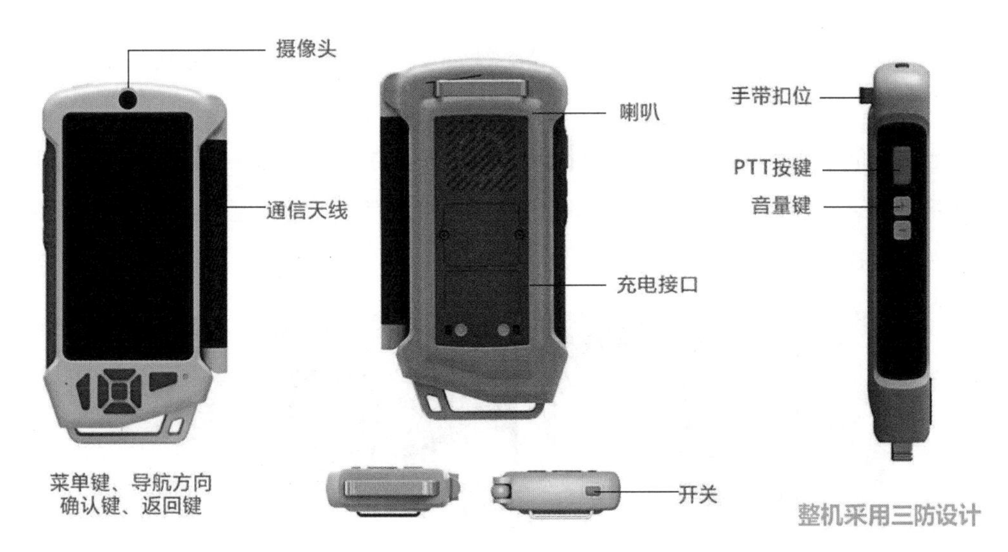

掌上移动通信指挥终端示意

操作步骤

（1）拔出天线插销，打开天线；长按设备顶部电源开关键开机，设备启动时会出现开机画面，此时设备会进行拨号上网，并尝试连接到服务器。

打开天线

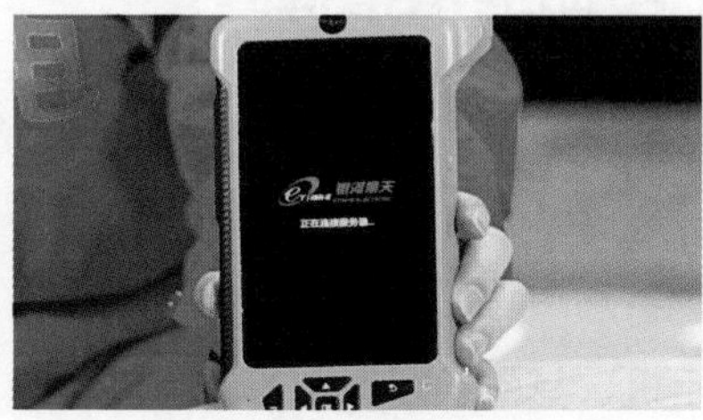

自动连接建立网络

（2）完成开机后，主界面会显示状态框，可以通过设备左下方状态键取消。主界面主要呈现会商、电话、对讲和设置四个核心功能。点击“会商”→ 参会。

开机显示界面

会商

（3）会商界面操作：系统默认开启本地视频及音频上传功能，可点击“本地画面上传”“声音上传”关闭。

点击其他在线终端名称可调取其视频画面，如终端摄像机具备云台功能，点击屏幕图像，出现云台控制按钮，可对其进行远程控制；点击“音频控制”可关闭或开启其他在线终端音频（系统默认为开启）。

前置摄像图画面

在线终端选择

（4）如需拨打电话，可返回主菜单，点击“电话”进行拨号即可（天通卫星信号需朝向正南方向对星，界面顶部信号显示正常且状态显示注册成功即可使用卫星语音拨打电话）。

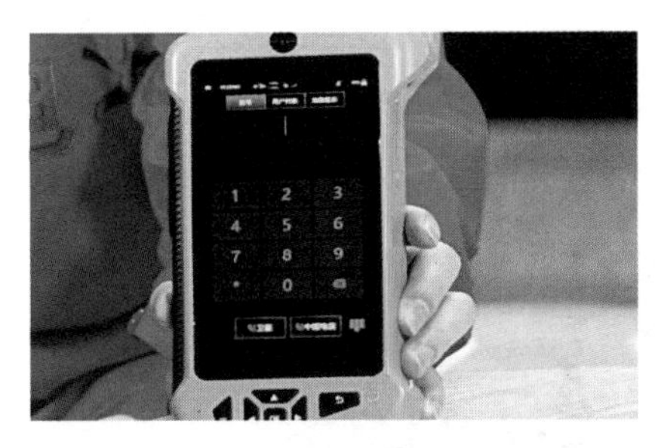

拨号数字界面

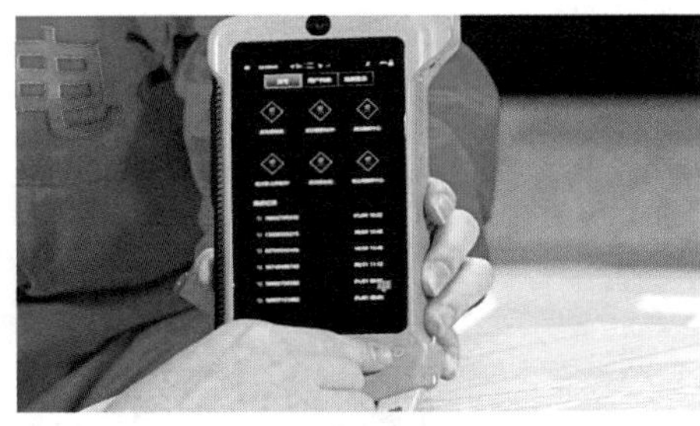
通信录

（5）使用对讲机功能时，需按住“PTT”按键，如需进行对讲、服务器等参数配置，请参考随机附送的操作手册或联系技术人员。

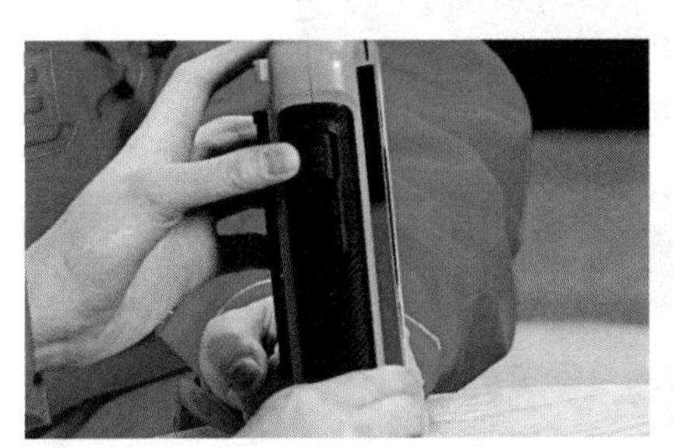
“PPT”按键

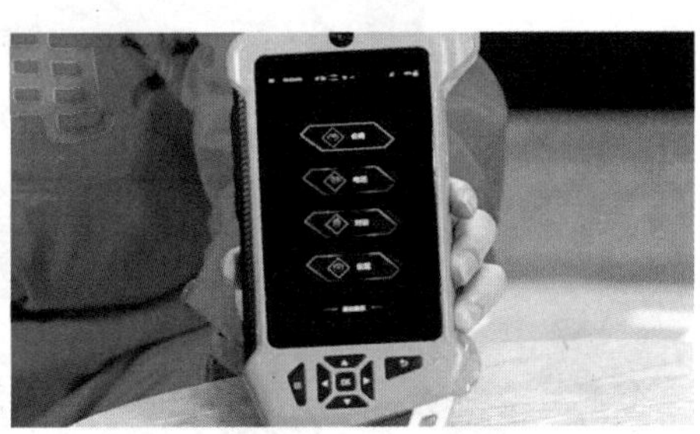
功能界面

扫描二维码，观看掌上移动通信指挥终端视频

2. 无人机遥视远传终端

无人机遥视远传终端是移动应急指挥系统，是一种高度集成化的移动管控指挥设备，设备集高清视频采集、编码、压缩、存储于一体，通过多种4G/5G网络多通道并行地将视频传输到远端指挥中心，同时设备内置高解晰音频处理装置，能够自动播放远端指挥中心传输来的音频信号，也可以通过话筒或蓝牙与指挥中心对讲。

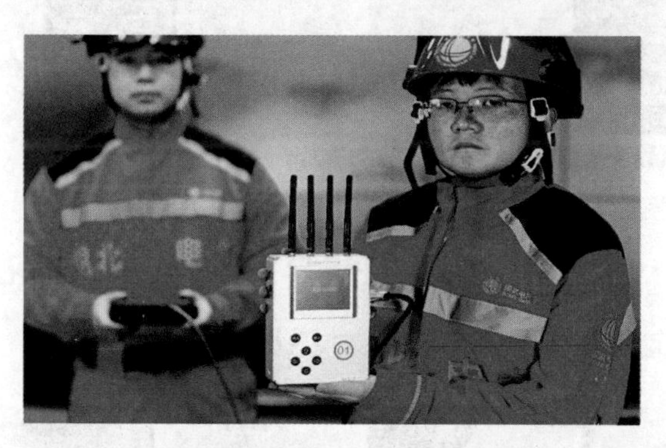

无人机遥视远传终端展示

无人机遥视远传终端及附件

无人机遥视远传终端示意

开机后，本机液晶屏即可显示摄像机镜头所拍摄的画面，其中：

- 中国移动4G/5G网络信号，绿色格数越多表示信号越强
- 中国电信4G/5G网络信号，绿色格数越多表示信号越强
- 中国联通4G/5G网络信号，绿色格数越多表示信号越强
- 电池电量指示
- 蓝牙信号

轻触液晶触摸屏，弹出控制按钮：

话筒输入音量增加，点击可增大输入音量

话筒输入音量减小，点击可减小输入音量

应急行动选择，点击弹出如下画面，可选择当前需参加的行动

控制按钮界面

镜头放大按钮，点击可放大远处景物

镜头缩小按钮，点击可缩小远处景物、增大拍摄面积

设备静音开关，点击后静音，再次点击后 打开声音

设备输出音量增加按钮，点击可增大输出音量

设备输出音量减小按钮，点击可减小输出音量

操作步骤

（1）传输无人机实时视频。

1）使用HDMI线连接无人机遥控器和本设备；

2）将中国联通、中国电信或中国移动4G/5G卡插入对应卡槽，可同时插2张卡以提高带宽，提升音视频传输效果；

3）连接有线话筒，并打开话筒电源（如使用蓝牙耳机则跳过此步）；

4）连接小音箱，并打开小音箱电源（如使用蓝牙耳机则跳过此步）；

5）长按主机电源按键3秒即开机；

6）调整画面效果：当设备启动完成后，即可自动登录服务器，可在本机的液晶屏看到摄像机画面。

使用HDMI线连接视频信号源

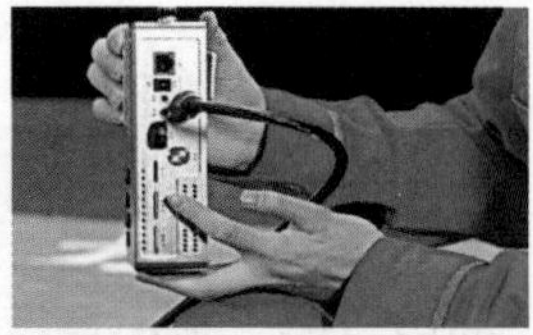
插入4G/5G物联网通信卡

连接成功

使用话筒连接音频输入接口

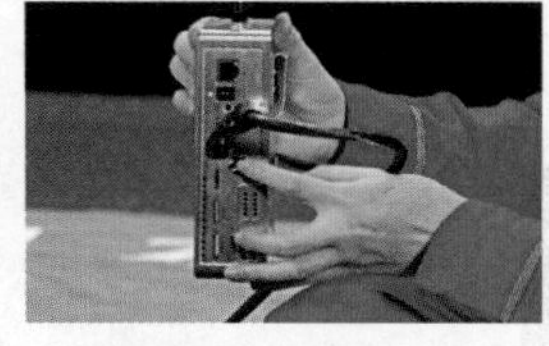
使用音箱连接音频输出接口

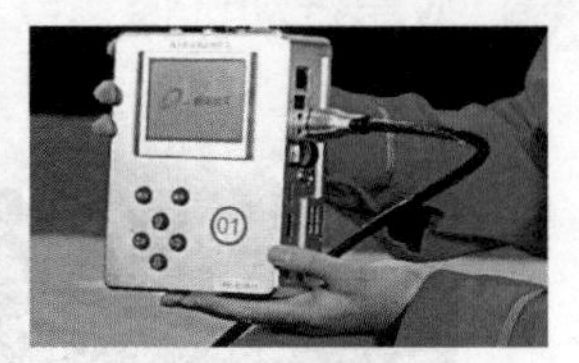
开机连接服务器

（2）传输超清球机视频（选配配件连接）。

1）打开三脚架：将三脚架从包中取出，首先拉出三条支撑脚，并将支撑脚紧固卡扣紧，然后将三条腿撑开置于地面，选择支撑面积（如面积足够建议将三脚架全部撑开以获取最大支撑面积增加三脚架的稳定性），然后拧紧支撑面积紧固卡，用右手将手柄扶正，拧紧上下、左右紧固卡，安装上云台底盘；

2）将超清球机从背包中取出，吸附于三脚架云台底盘上；

3）如需车载使用，请将云台摄像机吸附于车顶适当位置；

4）将中国联通、中国电信或中国移动4G/5G卡插入对应卡槽，可同时插2张卡以提高带宽，提升音视频传输效果；

5）用网线连接球机和本机；

打开支架

架设球机

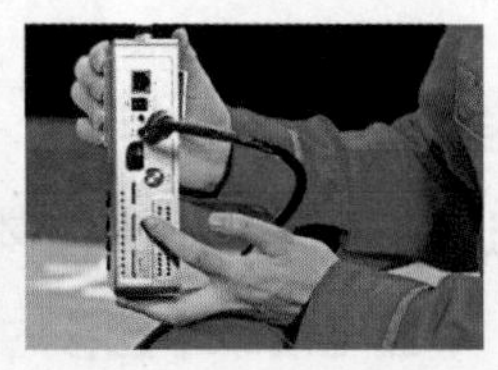
插入4G/5G物联网通信卡

调整球机图像角度

6）连接有线话筒，并打开话筒电源（如使用蓝牙耳机则跳过此步）；

7）连接小音箱，并打开小音箱电源（如使用蓝牙耳机则跳过此步）；

8）长按主机电源按键3秒即开机；

9）调整画面效果：当设备启动完成后，即可自动登录服务器，可在本机的液晶屏看到摄像机画面；如需调整画面，可按动上下左右按键选择最合适的取景角度，通过放大缩小按钮调整变倍。

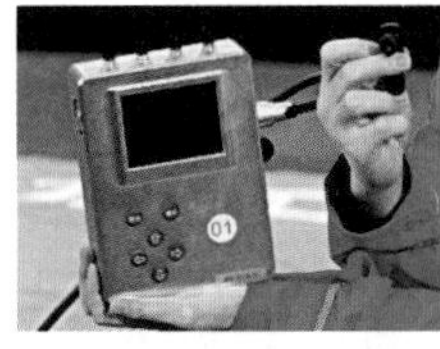

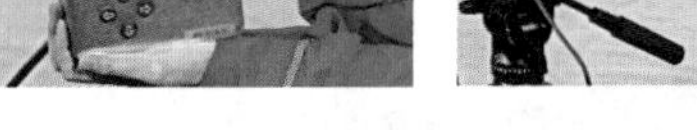

连接有线话筒并开电源　连接小音箱并开电源　长按主机电源按键开机　通过按键控制球机方位及焦距

扫描二维码，观看无人机遥视远传终端视频

3. 移动通信指挥便携站

移动通信指挥便携站功能全面，灵活便携，可随时组建指挥中心，支持通过卫星、有线宽带、专线等外部网络通信，高清双向音视频，可与中心端、各类型终端等进行音视频会商。

移动通信指挥便捷站展示图

操作步骤

1）主机开箱：向下按压红色部分，即可打开锁扣。

2）将摄像机吸附在三脚架上。

打开设备主机箱

架设球机

3）设备启动：长按主机电源键按钮三秒，听到“滴”的一声然后放手；按下摄像机电源按钮，即可开机。

4）正常联网状态下，开机以后等待30秒，会直接进入系统，并进入应急会商会议。

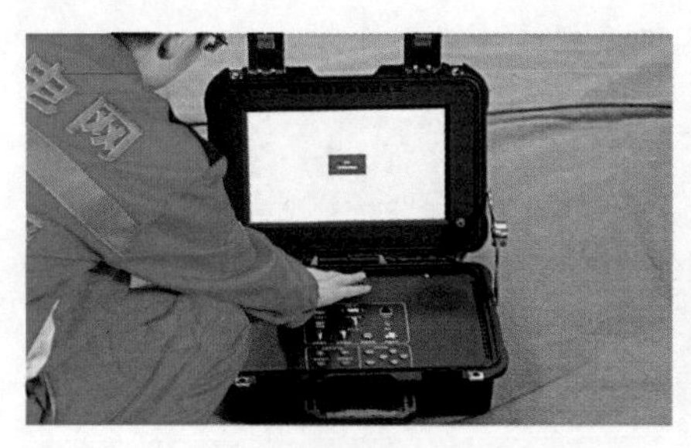

设备开机

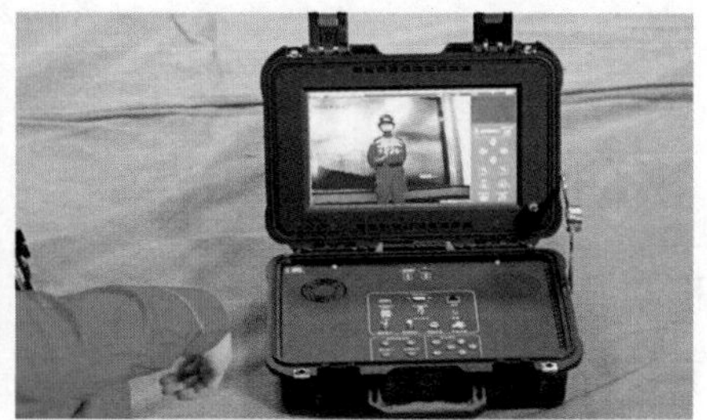

设备正常进入会商

5）拿出话筒 ，将另一头插进主机的“音频输入”接口上，将话筒开关推至最上面挡位即可喊话。

6）双击正在显示的视频，可将此视频切换到全屏显示模式；再次双击，退回初始界面；点击一下画面，使用屏幕右侧虚拟按键可关闭、开启终端音视频并进行摄像机云台控制，主机面板的实体按键可调节音频出入输出大小及摄像机云台控制。

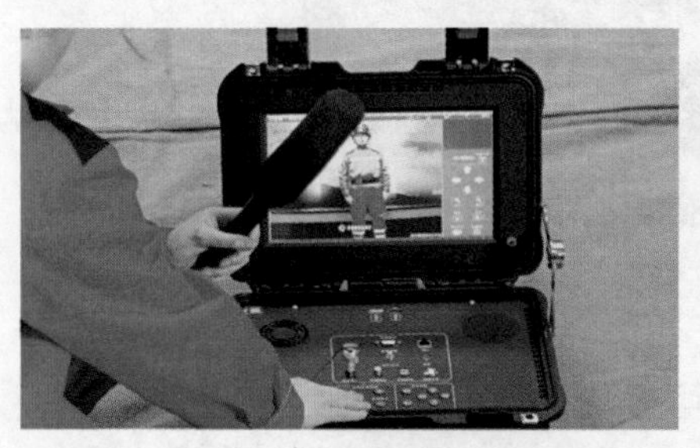

连接话筒至音频输入接口

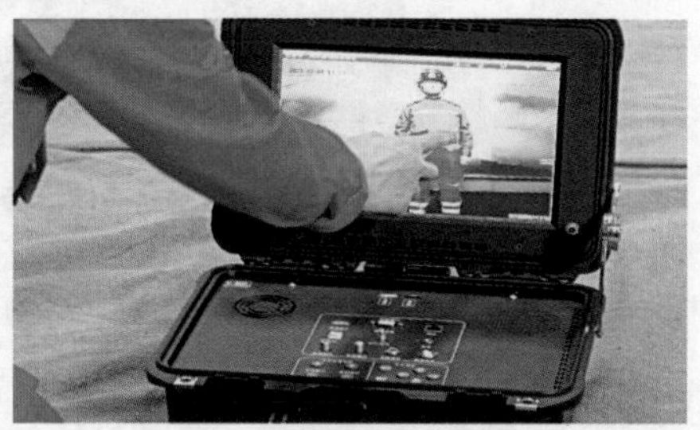

双击全屏显示会商界面

7）开机状态下，点击屏幕左侧收缩框，会弹出菜单栏。点击“在线用户”可调取其他在线终端。“系统设置”可对本机网络参数、视频参数、服务器等进行设置。

8）关机：长按主机电源键按钮3秒，听到“滴”的一声然后放手；关摄像机时，按一下摄像机电源按钮，即可关机。

系统设置界面

长按电源键关机

扫描二维码，观看移动通信指挥便捷站视频

4. 移动通信指挥综合站

操作说明

1）主机开箱：向下按压黑色部分，即可打开锁扣。

2）将摄像机吸附在三脚架上。

3）设备启动：长按主机电源键按钮三秒，听到“滴”的一声然后放手；按下摄像机电源按钮，即可开机。

4）正常联网状态下，开机以后等待30秒，会直接进入系统，并进入应急会商会议。

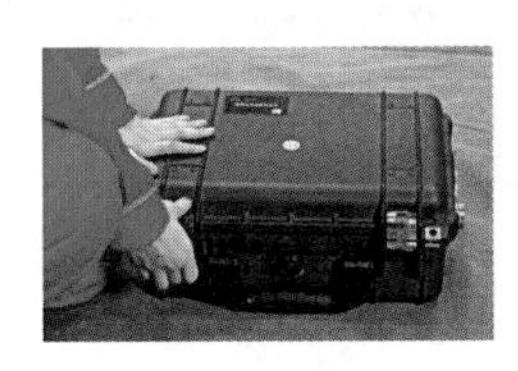

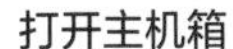

打开主机箱

架设球机

长按电源键开机

设备联网等待

5）拿出话筒，将另一头插进主机的“音频输入”接口上，将话筒开关推至最上面挡位即可喊话。

6）双击正在显示的视频，可将此视频切换到全屏显示模式；再次双击，退回初始界面。

7）主机面板的实体按键可调节音频出入输出大小及摄像机云台控制。

8）开机状态下，点击屏幕左侧收缩框，会弹出菜单栏。点击“在线用户”可调取其他在线终端。“系统设置”可对本机网络参数、视频参数、服务器等进行设置。

9）关机：长按主机电源键按钮三秒，听到“滴”的一声然后放手；其次关摄像机时，按一下摄像机电源按钮，即可关机。

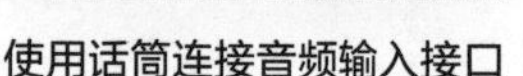
使用话筒连接音频输入接口

双击进入全屏模式

控制球机方位

左侧工具栏界面

扫描二维码，观看移动通信指挥综合站视频

5. 地市级移动通信指挥管理分站

操作说明

1）开机：轻按电源开关按钮，系统即可开机，进入到Windows 界面，如已经设为自动启动软件，则自动启动软件并进入登录界面。

2）设置网络：使用4G/5G网络：在关机状态下，将电信/移动/联通的4G/5G卡插入本机背面的“全网通”卡槽，并安装好天线，开机即可（使用前请确保4G/5G卡可正常上网）。

3）启动软件。

4）设置服务器信息：在登录之前，可设置服务器信息。点击图标，进入服务器设置界面。

5）登录软件：软件启动后会弹出如图所示的应急指挥系统登录窗口：填入用户名和密码信息后，单击图中“登录”按钮，即可成功登录服务器并启动本软件；登录成功后，进入如下地图界面。其中，顶部状态栏有显示当前系统的单位名称、登录账号的名称、未读消息提示及星期、时间等信息，最右侧为退出系统按钮。中间主界面为当前账号所在的位置地图，地图上可显示全部GPS在线设备。右上为地图操作工具栏。下方为可升降的操作界面选择栏。

6）消息查看：点击顶部的消息按钮，可查看当前收到的所有消息、电话呼入及各种通知信息。

7）退出软件：点击顶部的退出按钮，弹出确认对话框，点击确认即可退出系统。

设备开机

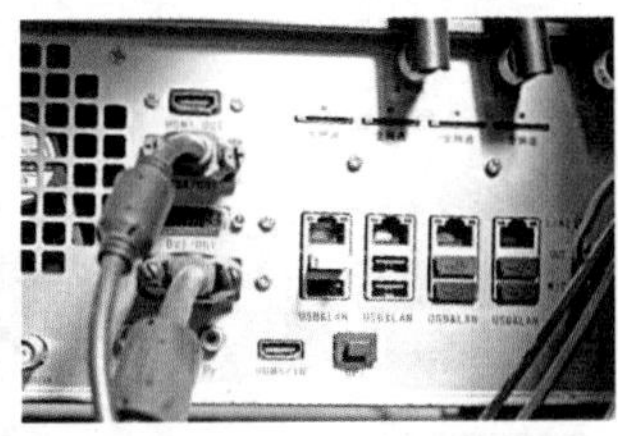
设备背面插入物联网通信卡

配置移动指挥终端参数

应急指挥中心指挥管理

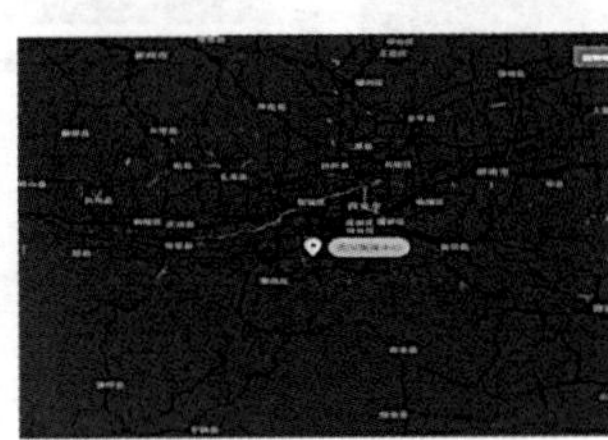
进入商会地图模式

进入商会界面

扫描二维码，观看地市级移动通信指挥管理分站视频

6. 便携式融合调度综合站

操作说明

（1）设备包装箱说明。

本机及其主要配件装放在一个拉杆箱内。箱体采用铝合金工艺，坚固、耐磨、防水、抗压、防震，方便携带等优点，可很好地保护设备不受外部侵害。

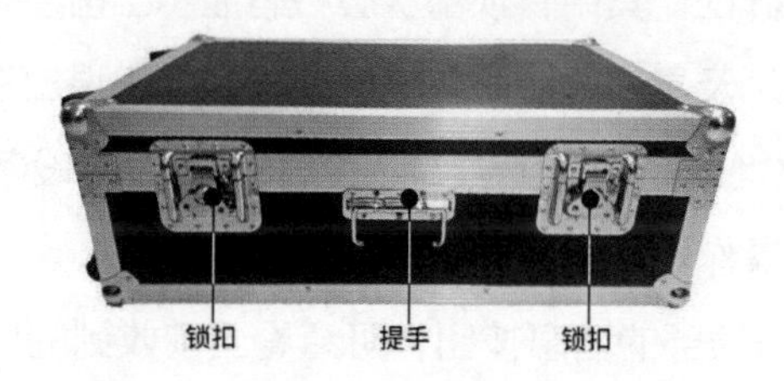

设备包装箱实物

（2）设备现场安装步骤。

步骤一：找到平整的地面，平放箱体，打开左右锁扣开启箱盖，取出“便携式融合调度综合站”平放在桌子或箱子平整的地方。

打开设备箱体

展开副屏

步骤二：向外打开卡扣，手握机器底部提手，顺势向上打开屏幕，先打开左边屏幕再打开右边屏幕。装箱合屏顺序先合右边屏幕再合左边屏幕，最后向下合拢，扣紧卡扣。

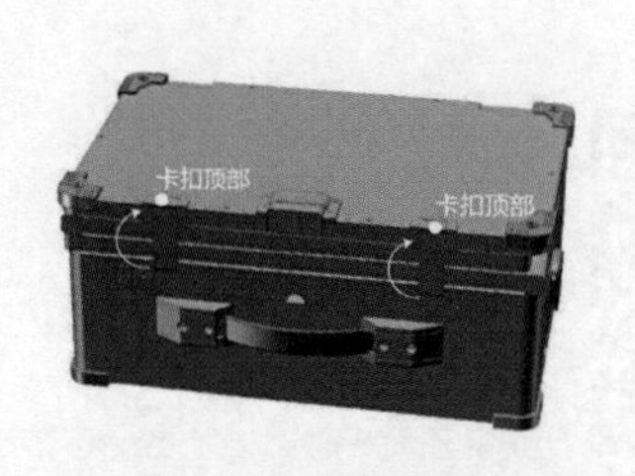

向外打开卡扣

向上打开屏幕

步骤三：按开机键3秒开机，左屏默认显示本地视频界面，中屏默认显示会商界面，右屏默认显示GIS地图界面，下屏可切换显示本地视频、会商界面或GIS地图界面，与HDMI输出大屏显示内容一致。

开机电源键

各屏幕画面展示

（3）设备功能按键说明。

开机自动登录

自动加入会商

插入鹅颈话筒

或插入有线话筒

音量调节

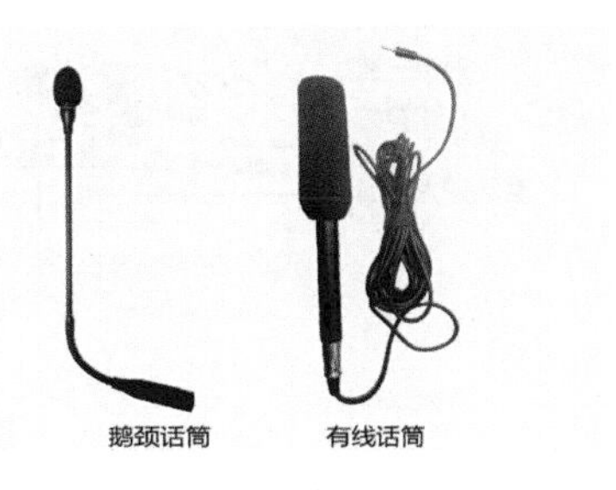

选择话筒

设备开机后会自动登录服务器，自动加入预设的会议，进行音视频会商。将鹅颈话筒或有线话筒插入对应的接口，通过主机面板上的音量调节按键可调节输入输出音量大小。

（4）设备接口说明。

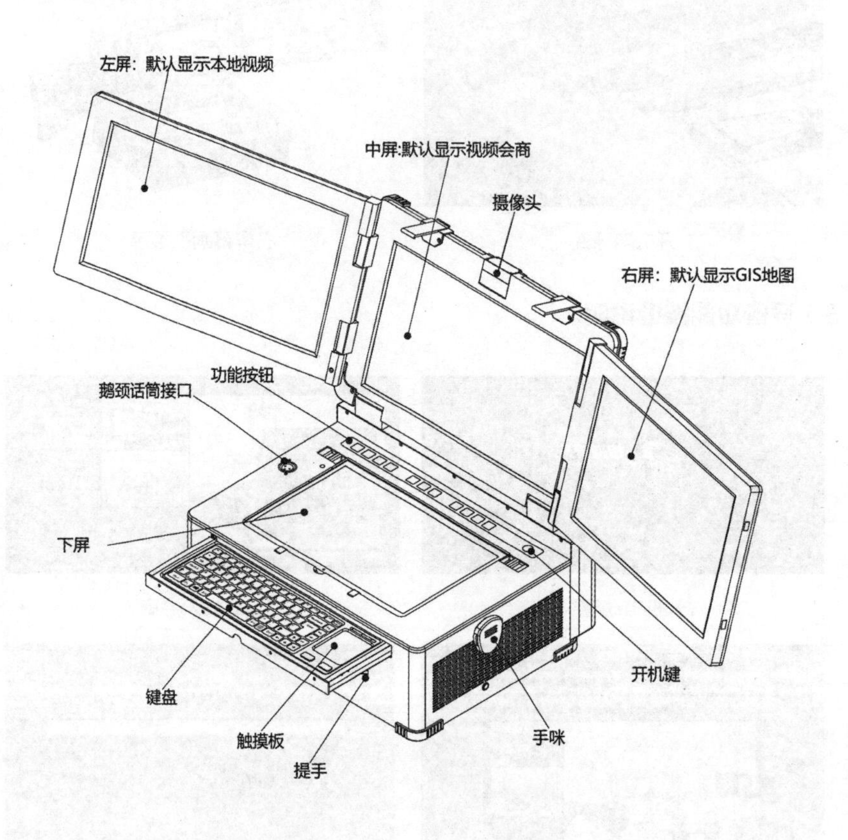

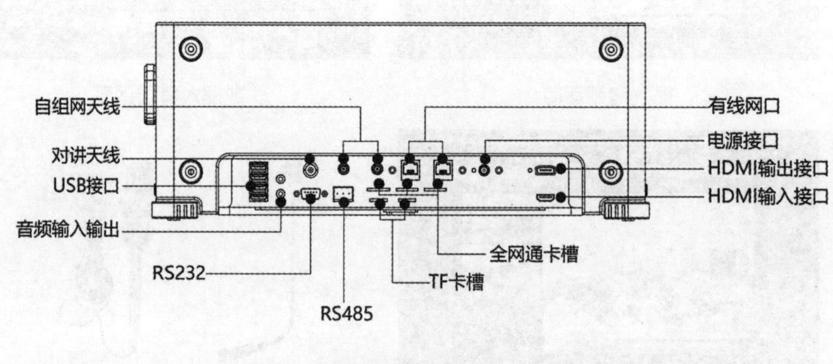

设备接口说明

（5）设备软件界面说明。

1）状态栏与设置操作说明。

① 会商名称：显示会议名称。

② 移动运营商网络连接状态：判断是否插入SIM卡，有卡显示、无卡不显示图标。灰色图标为信号不佳，”X”为无网络。

③ WIFI热点状态：按下操作面板上的“WIFI热点按键”开启热点并显示热点图标。关闭断开热点并隐藏图标。

④ GPS定位显示：本机定位成功显示定位图标，未成功定位不显示。

⑤ 电量状态：按百分比显示，≤10%报警并弹窗。提示连接电源。

⑥ 投屏设置：点击投屏按钮，弹出多屏设置对话框，可设置左右屏以及大屏显示内容。

⑦ 对讲通道选择：点击对讲图标，显示“数字通道”下拉框，切换通道。如需切换“模拟通道”，点击设置-对讲设置-选择模拟通道，蓝色为数字通道，绿色为模拟通道。

⑧ 功能设置：点击齿轮图标弹出系统设置，可对“服务器配置、通用、硬件资源、对讲、音频通道矩阵”进行设置，以及系统版本信息展示。详情查看设置页。

⑨ 退出系统：可关闭系统。

2）右边栏操作说明。

① 主屏幕：默认显示主屏操作面板；

② 大屏幕：切换控制大屏显示操作面板；

③ 全屏显示：点击全屏显示会商界面；

④ 结束会议：点击结束会议按钮退出会议；

⑤ 上传：用于选择下级队员对讲机的对讲话音上传到会商行动中的控制；

⑥ 下达：用于选择对会商主屏幕话音下达给下级队员对讲机的对讲话音控制；

⑦ 邀请：点击切换邀请列表，可邀请人员入会；

⑧ 参会人员列表：显示参会人员列表；

⑨ 视频分屏：点击切换分屏，可设置1、3、4、6、8、16等分屏；

⑩ 功能操作：视频状态显示、视频上传开启或关闭，音频上传可开启或关闭；

⑪ 消息栏：动态滚动显示消息，点击最大化按钮显示全部消息窗；

⑫ PTT：对讲按钮默认状态下吸附在右侧，点击开始对讲，对讲时长60秒，超出时长自动释放；

⑬ 网络速率展示：点击窗口化图标，显示更多信息；

⑭ 更多视频控制：可关闭视频、切图、音量、PTT对讲、视频设置、球机控制等功能。

屏幕显示操作按钮

按下确定生效

3）大屏操作说明。

① 大屏幕：点击大屏幕按钮，切换投屏控制面板；

② 分屏显示区：显示多种分屏模式，通过把左边视频拖入灰色区域内，加入视频。文字图标可确定视频是否已加入，绿色为加入、深蓝色未加入；

③ 分屏设置：设置大屏幕的分屏模式，点击分屏图标，切换分屏；

④ 大屏幕预览：大屏幕视频加入完成后，点击“预览大屏按钮”弹出预览窗口；

⑤ 结束投屏：点击“结束投屏”关闭大屏显示。弹框显示是否确定退出；

⑥ 显示到大屏幕：大屏显示内容设置完成后，点击此按钮，投屏内容显示到大屏幕上。

4）会议列表。

① 会议类型：显示会议类型；

② 会议数量：显示会议数量；

③ 会议列表：显示会议标题，会议状态，参会信息等。点击进入会议按钮，加入会商；

④ 导航：视频会商为当前页面，点击通信录切换通信录界面。

5）通信录。

① 通信录：可筛选在线公司或本地单位以及搜索公司名称，选择公司创建会商；

② 列表：展示公司名下设备信息；

③ 创建会商：选择公司，点击“创建会商”按钮，发起会商；

④ 返回：点击返回上一级。

（6）左右屏功能说明。

1）右屏：GIS地图功能说明。

① 搜索框：输入人员设备名称，确定搜索后，相关坐标信息显示在地图上；

② 筛选：可选择全部、在线、离线、入会等人员设备是否显示在地图上；

③ 操作：设置拖动、框选、圈选、测距、清除测距等功能；

④ 选择弹窗：通过选择坐标后弹出选择的信息对话框，发起会商，发送图文，显示轨迹等操作；

⑤ 地图状态：可设置实景、三维、道路等地图模式；

⑥ 坐标：显示人员设备坐标，点击坐标可发起会商，发送图文等操作；

⑦ 清晰度切换：可切换高精度或低精度地图。

2）左屏：本地视频功能说明。

7. 天通卫星宽带数据终端

操作说明

1）准备：正确插入卫星卡、电池，无遮挡环境，打开支架约30~45度角，机身正面（LOGO面）朝南方向。

2）开机：长按电源键。按“OK”键，选择“网络”/“卫星业务”，按OK开启，等待入网。

打开设备支架

开机

3）打电话：先连接二线口座机；按“OK”键，选择“设备”/“二线话”，按OK开启；最后在座机输入对方号码和#号，等待20秒,振铃和接听。

4）上网：按OK键，选择“网络”/“数据业务”->按OK开启。

5）换卡设置：用网线将终端和电脑连接，电脑设置自动获IP，电脑打开浏览器输入192.168.54.1，默认用户名和密码，均为“admin”，主界面/数据业务/APN设置（默认可选也可添加）；数据连接类型选择，选择背景或流模式均可；QOS设置，默认数据速率为384.384.0.0；设置成功后，开启数据业务，等待激活成功。以上换卫星卡后均需设置一次。

6）无线热点：按OK键，选择“网络”/“无线热点”，按OK开启。其他手机等设备选择热点CETC-开头的，默认密码“1234567890”。

通过按钮阀调整主机参数

屏幕显示界面

电脑连接设备调整参数

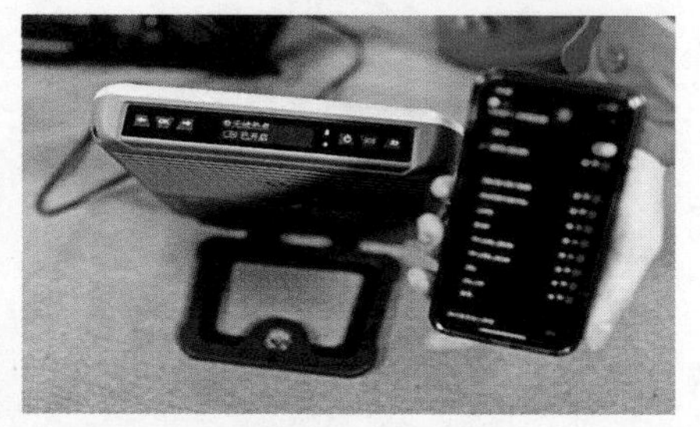

手机连接设备无线热点

扫描二维码，观看天通卫星宽带数据终端视频

电网企业应急管理知识

应急技能项目图解

移动应急单兵项目图解

典型事故案例处置与分析

案例一 “6·13”十堰燃气爆炸事故

一、应急救援过程

2021年6月13日，湖北省十堰市张湾区艳湖社区集贸市场发生严重天然气泄漏爆炸事故，现场人员死伤惨重、周围设施损毁严重。经国网十堰供电公司核实，其下辖多条10千伏线路跳闸、数个供电台区、3000余用户在内的大面积供电区域停电。

国网十堰供电公司第一时间启动应急响应，成立“6·13”应急抢险供电保障工作指挥部，主要负责人担任总指挥，分管负责人担任副总指挥，下辖的县公司主要负责人担任指挥长。指挥部下设5个工作组，协同配合开展应急救援。

事件发生后，国网湖北省电力有限公司（以下简称“公司”）及时收到相关电网受损及抢修工作开展情况汇报，同时向十堰市政府应急办、发改委进行专题汇报，主动与地方党委、政府和现场抢险救援指挥部联系，将供电保障专项工作组纳入地方政府应急处置领导小组管理，坚决服从统一指挥，联合制定事故影响区域最优恢复供电方案。

6月14日，公司召开十堰燃气爆炸供电抢修保障应急处置专题会议，对做好下一阶段应急处置工作做出安排部署，并由公司相关领导和部门负责人组成督导组，现场督导燃气爆炸事故应急抢险供电保障工作，实地查看燃气爆炸事故现场，详细了解电力设施受损和应急抢险复电工作开展情况，指导供电保障服务工作。督促国网十堰供电公司在最短时间恢复供电，确保社会及群众生活稳定。

十堰燃气爆炸供电抢修保障应急处置会议

国网湖北省电力有限公司督导组现场督导“6·13”燃气爆炸事故应急抢险供电保障工作

经过38个小时连续抢修，4.5千米10千伏电缆线路首先恢复供电。又经历20个小时抢修后，恢复大部分10千伏开闭所双电源供电，同步恢复98.2%的低压居民用户供电，个别未恢复用户通过负荷转移方式确保供电。本次事故应急救援保供电，累计投入抢修人员480人次、抢修车辆167台次、移动照明灯塔7台、应急发电机16台。

应急处置人员现场布置大型照明

应急抢修人员现场进行电缆维修

二、应急成效评估

成效

供电指挥抢先一步。一是快速锁定停电范围。事故发生的同时，国网十堰供电公司应急指挥平台显示事发地区线路跳闸，迅速安排专人到场巡视。根据政府官方通报、网络自媒体信息，综合研判分析，锁定停电范围。**二是**快速健全组织机构。国网十堰供电公司第一时间启动 级应急响应，后根据事故发展，及时调整为Ⅱ级应急响应。事故发生3小时内下文成立应急抢险供电保障工作指挥部，下设电网保障、现场抢险、客户服务、后勤协调、舆情管理5个工作组。**三是**快速建立工作机制。通知所有相关员工取消休假、立即返岗，举全公司之力投入抢修保电工作。建立作战指挥联络机制，坚持2小时统计一次数据快报、6小时召开一次指挥部碰头会、12小时汇总一次情况专报，确保数据准确详实、调度指挥有力。

抢修进度持续领跑。一是先期组织抢修力量。在多家公共服务企业中，国网十堰供电公司率先组织抢修人员到达现场。在政府组织搜救期间，抢抓时间搭建抢修指挥部，制定抢修预案，配齐抢修物资。待政府当天通知公共服务企业进场抢修时，先于其他企业进场摸排受损设施，根据现场情况优化调整抢修方案，按照先易后难抢修复电。**二是**先期保障应急照明。抢修人员在确保不发生次生灾害的前提下，按照轮班倒、不停工的方式，克服现场泥泞、杂物堆积、空气污浊、蚊虫叮咬等困难，在事故现场连续施工作业，确保事发当晚完成政府抢险救援指挥部和所有夜间抢险作业面的照明工程，累计安装大、中、小型泛光照明设备16套，为政府搜救排障处置提供照明保障。**三是**先期抢通主供电源。坚持串联改并联，以属地供电单位为主体，统筹公司运检、配电、营销、省管产业单位同步进场施工。

优质服务赢得赞誉。一是政府部门高度肯定。抢修期间，十堰市委市政府对公司主动担当的态度充分肯定，应急抢修的“供电速度”获得了十堰市委书记的称赞，十堰市指挥部现场会议多次表扬公司工作。**二是**居民百姓高度赞扬。当地居民对供电人员战酷暑、抢时间、保供电的行为纷纷点赞，有的居民主动给供电人员当向导引路，帮助抢修队伍熟悉地势，协助排查住户情况，为供电恢复到户节约了宝贵时间；有的居民自发向供电指挥部、抢修现场送来端午节粽子以及冰棍雪糕、西瓜等降暑物资，使抢修人员体会到了“被强烈需要”的感受。**三是**企业商户高度认可。受灾现场周边企业、社区商户主动为公司抢修服务提供帮助，艳湖社区工商银行、周边超市自发自购食品送到供电抢修现场，为供电驻点值班人员送来生活物资，周围群众也主动向身着国家电网工装的人员提供饮用水、早餐等补给。

三、应急处置分析

1. 提高政企协同应急能力

推进社会救援类应急响应的演练及评估工作。与政府部门、其他公共服务企业开展应急救援联合演练，提升政企协同综合处置能力。

2. 提高信息收集报送能力

进一步规范指挥中心互联、专业数据互通、信息传递等工作体系和流程。加快突发事件发生后电网故障、用户停电、城市运营、网络舆情等全方位信息收集，加强应急队伍信息采集终端配置，实现电力突发事件多维度信息的准确快速报送。通过特殊时期合署办公的形式，达到信息共享，对涉及保密的信息，要严格要求工作人员遵守保密规定。

3. 加强应急装备建设管理

进一步完善应急物资配置、仓储、调用等系列管理规定，强化应急库存物资平衡利库管理，实现应急物资“调得动、调得准、运得出”。结合湖北灾害特点和往年应急处置经验，配置重型应急装备，更新老旧淘汰装备。

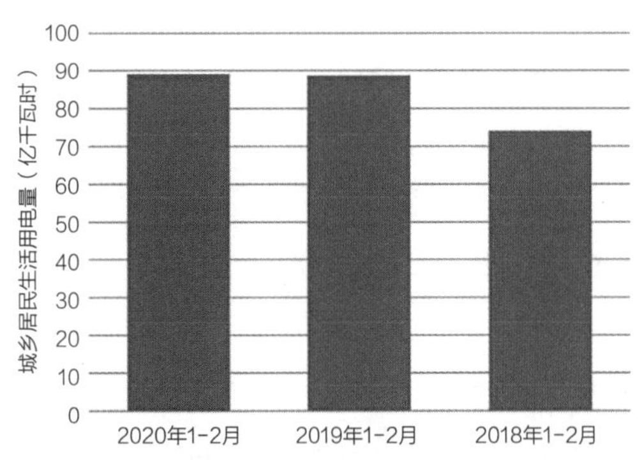

城镇居民2018年至2020年用电量变化

央视报道电力应急工作开展

应急基干分队出发抢险前誓师会

紧急布设应急照明装置

应急基干分队顺利完成抢险工作

应急基干分队配合方舱医院电源敷设

案例二 “12·25”鄂光三四回杆塔基础位移重大隐患

一、应急处置过程

2020年12月25日，国网湖北省电力有限公司超高压公司（以下简称“超高压公司”）特巡发现500千伏某线路杆塔基础内侧与土壤接触面出现约100毫米间隙，基础周边土层出现裂纹。12月26～28日，国网湖北省电力有限公司（以下简称“公司”）组织超高压公司联合设计单位开展多次联合测量及分析论证，发现基础周边共2处较大连续裂缝，横线路方向杆塔倾斜率10.5‰，主材弯曲最严重的甚至达到弯曲度7.36‰，塔底两腿根开比设计值分别增大323、318毫米，确认为重大隐患。

1. 全面加强组织保障

一是第一时间成立应急处置领导小组，把确保不发生人身事故和不发生次生事故作为首要任务，集中精力、全力以赴开展隐患应急处置。**二是**编制应急处置方案、倒塔后临时方案等系列应急预案，明确突发故障情况下运行方式调整流程，确保做到科学规范高效应对。**三是**上级管理部门领导均第一时间赴现场指导协调处置，迅速扭转现场被动局面。

2. 精准开展隐患分析

在技术部门的指导下，超高压公司先后组织中国电科院、国网经研院、长江三峡勘测研究院等多家电力设计院等多位资深专家现场查勘并深入讨论，并结合国网地质灾害监测预警中心出具分析报告，认为该线路杆塔下伏地层为第四纪洪冲积物，该地层较为松散，遇水易软化垮塌，基础位移是软弱地基土受长江河道侵蚀、河水浸泡和长江水位降低等综合影响所致。

3. 迅速制定应急措施

根据隐患情况，技术部门及时组织召开杆塔运行风险评估分析会，细化分级预警阈值（细化到风速、温度、倾斜度最大值等具体参数），明确了采取基础连梁、削方、排水等临时措施的技术方案。最终确定在原杆塔一旁171米处新建一处杆塔，基础选用四桩承台基础，并新增连梁、排水及护坡设计。

4. 扎实开展检测监测

一是召开专家会议，明确裂缝、根开、基础承台基面高差、基础位移、主材弯曲度、杆塔倾斜度等监测指标，并编制了监测方案。**二是**安装杆塔倾斜、北斗位移、基础沉降静力水准仪、气象环境等7种监测装置，采取“人工+在线监测方式”，以“一日三报”频次，实时监控隐患发展趋势。**三是**开展基础附近钻孔地质勘探、定向钻孔雷达形变检测等工作，为基础位移原因分析提供支撑。抢修及恢复工程实施期间连续监测逾60日，对比发现隐患后测量的基准值，监测数据无明显变化。

5. 有效推进治理措施

2021年1月8日，超高压公司完成临时应急处置各项措施，减小地下水渗流运动对基础的不利影响、抑制基础根开的变化，确保隐患保持暂稳状态。成立永久方案治理三方项目部，编制完成业主项目部方案、专项保电方案、应急预案、防疫方案、监理管控方案和施工等系列方案，立即组织抢修物资的生产采购，2021年1月12日正式启动基础施工，1月17日完成全部钻孔作业，1月30日完成承台及连梁浇制，2月3

杆塔主材变形及基础位移临时应急处置

杆塔主材变形及基础位移临时应急处置

无人机通道建模

地基雷达激光建模测倾斜度、根开

日完成防撞墩浇制。2月17日组织施工人员及工器具进场。2月21日至3月2日停电期间，克服恶劣天气影响圆满完成杆塔组立、导地线展放等施工项目。根据新建杆塔水文及地质现场勘查情况，对杆塔旁岸坡实施块石护坡及混凝土透水框架，坡体内设置排水措施、基础周边设置排水沟及盲沟。

承担底层钢筋

新4号塔压接

二、应急成效评估

成效

1. 迅速集结，全面评估风险隐患

杆塔基础位移重大隐患发现后第一时间迅速上报，并联合设计单位开展多次联合测量及分析论证，迅速确定可能存在的风险隐患，分析隐患成因，明确分级预警阈值，研判隐患发展趋势。

2. 精准施策，快速落实应急举措

公司立即成立应急处置领导小组，制定倒塔后临时方案等系列应急处置方案，确保科学规范高效应对各类突发情况，同时采取临时应急处置措施，防止隐患进一步扩大。

3. 坚守阵地，持续跟踪隐患监测

组织召开多轮次专家会议，明确裂缝、根开等监测指标，同步安装杆塔倾斜、北斗位移、基础沉降静力水准仪、气象环境等7种监测装置，以“一日三报”方式连续监测，元旦、春节期间不间断坚守现场逾60日，为预测隐患发展趋势、调整应急响应级别提供详实数据支撑。

4. 有序推进，高效完成治理工作

结合隐患的严重性及迎峰度冬的关键时期，春节前采取两班倒方式昼夜奋战。春节期间提前安排作业人员及工器具进场，三方项目部高效协同，鄂州电厂全力配合，公司执行领导带班每日轮流包保现场督导，全力保障隐患按期消除。

5. 强化管控，有力保障作业安全

严格现场“四个管住”，安全管控杆塔失稳四级作业风险，作业现场全程设立防疫检查站，严格把控现场人员活动轨迹，确保疫情防控要求落地落实。

三、应急处置分析

1. 以点带面，深化同类隐患排查

深入分析杆塔基础位移原因，举一反三防患于未然，对类似地形（沿江、边坡等）线路全面深入摸排，安装杆塔倾斜检测装置、加大卫星监测杆塔基础位移等新技术试点应用，提升隐患发现能力，全力防范地质隐患事故发生。

2. 加强电厂、电站应急联动机制

将类似区域设备排查工作列入重点隐患排查范围，加强与电厂、电站日常应急联络机制，定期反馈设备运行状态，提前做好设备应急处置及抢修改造工作流程化制定，确保后期抢险救灾工作及时、高效、顺利开展。

3. 强化后评估，抓好后续监测工作

持续做好后期监测，评估对在运杆塔基础稳定性的影响。开展地质灾害隐患治理“回头看”，评估隐患治理成效，同时总结本次抢险经验，联合相关单位完善隐患设备边缘条件处置意见定级计算工作。

案例三　2018年1月湖北省大范围雨雪冰冻灾害

一、应急处置过程

2018年1月，湖北省各地先后出现低温雨雪冰冻天气，属极端气象灾害，特点是灾害时间间隔短、降雨（雪）范围广、低温持续时间长。

1月3日起至5日，湖北省中部、西部多地区出现大范围降雪。1月6日至8日，西南、西北东部3天降雨（雪），省内多地出现严重积雪，部分县市积雪深度高达20厘米以上，最低气温突破零下14度，达到或超过历史同期极值。1月24日至28日，极端天气进一步扩大，西北出现大到暴雪，湖北中部大部分地区出现了8m/s的大风，荆门地区极大风速达到了18.8m/s。本次恶劣天气造成湖北地区电网累计多条500千伏线路因覆冰、舞动跳闸，多条220千伏及以下线路故障跳闸，涉及超百万用户停电。

（1）第一次雨雪冰冻时间：1月3日至5日。

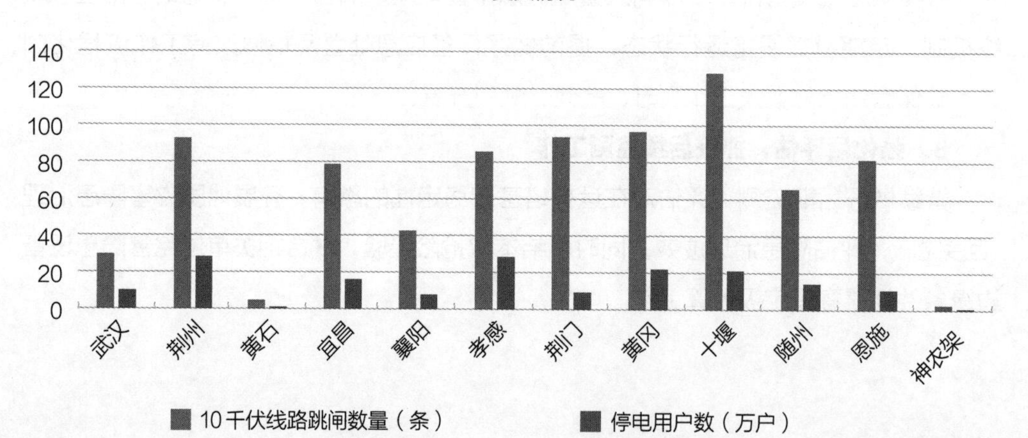

（2）第二次雨雪冰冻时间：1月6日至9日。

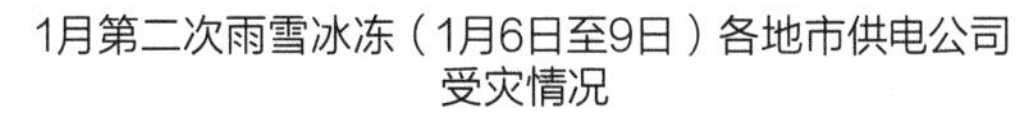

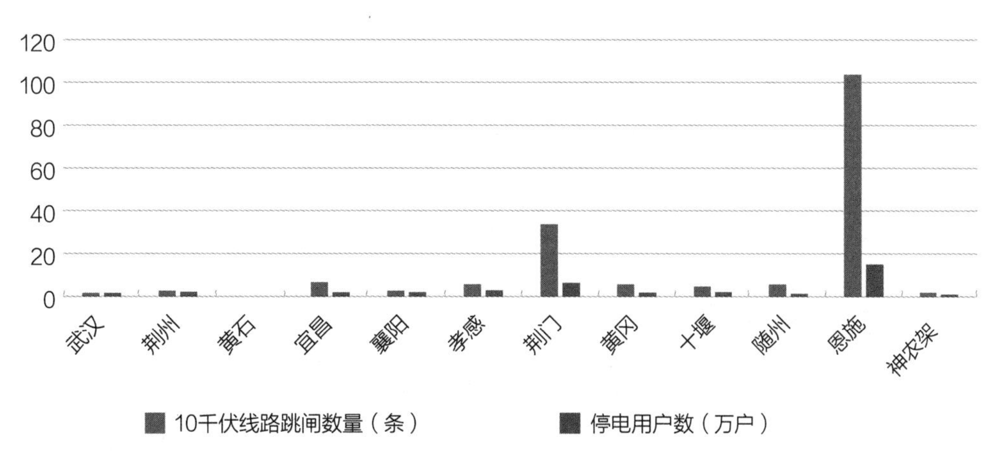

（3）第三次雨雪冰冻时间：1月24日至28日。

1月第三次雨雪冰冻（1月24日至28日）各地市供电公司
受灾情况

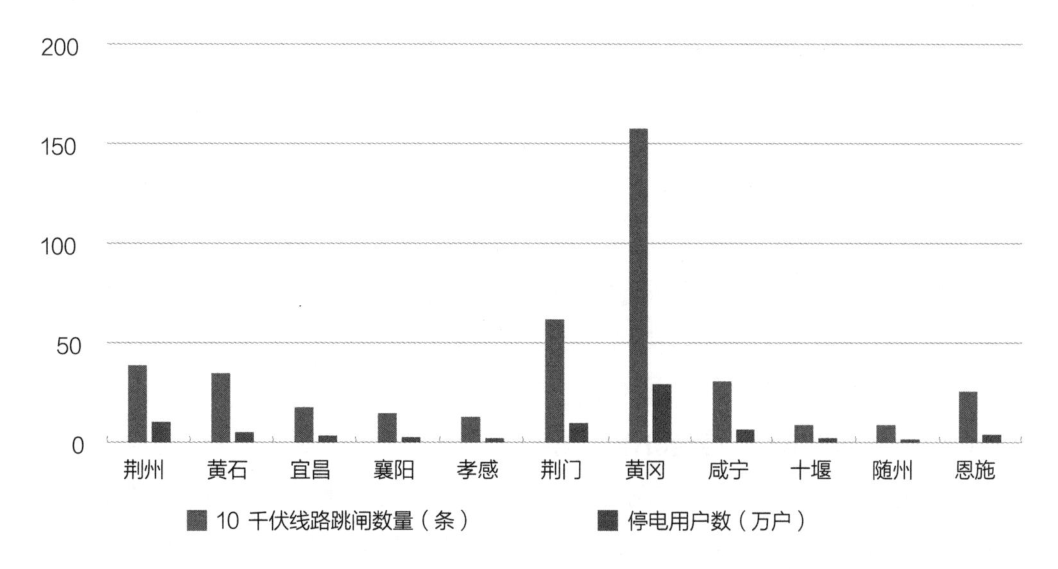

在极端气候形成后，国网湖北省电力有限公司（以下简称“公司”）安全生产委员会办公室（简称安委办）第一时间在组织召开紧急应急会议，启动雨雪冰冻灾害Ⅳ级应急响应，全面部署雨雪冰冻应急处置工作。公司各部门分为7个组迅速奔赴各个

重灾区抢险一线，督导指挥雨雪冰冻灾害应急抢险工作、协调增派应急救援队伍进行跨区支援，并及时做出以下相关应对工作：一是针对低温雨雪冰冻天气，加强与气象部门联系，及时发布4次预警通知，启动2次应急响应。二是密切与全省各地区应急抢险指挥部保持沟通，仅公司层面就召开18次应急会商。因应急处置得当，第一、二轮抗冰抢险后，在1月9日恢复所有受损的电力设施及停电用户供电。第三轮雨雪灾害发生后两天，大部分受灾停电用户就已经恢复正常供电。两轮抗灾期间，累计投入36747人次、8629台次车辆及各类抢修机械开展现场抢修。

二、应急成效评估

（1）多方筹措电力资源，确保整体电力供应充足。公司加强与政府职能部门沟通，力促发电企业加强电煤储存，有效遏制电煤库存下滑；致函相关管辖部门，协调调增丹江电厂发电出力30万千瓦；优化机组发电计划安排，让电煤紧缺和水位较低电厂更多参与调峰和旋转备用；积极寻求跨省跨区电力资源，努力争取西北风电光伏等清洁能源和三峡、葛洲坝等水电资源供鄂调剂比例，累计多吸纳西北电量3725万千瓦时，三峡及周边省份累计多支援电量8487万千瓦时，华北累计多支援电量105万千瓦时，缓解湖北资源紧张局面。

（2）多级调度协同处置，确保电网安全稳定运行。面对主网多条线路故障，国、分、省三级调度各专业深度协同。对重要线路故障开展远方操作，强送或试送31次，及时调整电网运行方式，确保了电网结构相对完整。针对西电东送通道故障，鄂东电网电力供需存在较大缺口，严重威胁主网安全，省调依据电网运行方式变化和鄂东区内机组发电受阻情况，动态开展鄂东电力平衡分析，主网西电东送断面潮流有效控制在稳定限额以内，确保了主网安全稳定运行。

（3）队伍作风顽强、团结协作。抢修人员在艰难环境中敲击冰凌，更换受损横担；线路蹲守人员盘立在寒冷的风雪；重要用户保电人员克服山高路险、道路覆冰等重重困难，携带发电机主动上门服务，展现出了抢修队伍攻坚克难的顽强作风和齐心协力的团结精神。公司各部门全力合作，提供技术支持、协调物资配送、实地指导抢修等，密切配合形成了工作合力，大大提高了应急救援工作成效。

（4）现场管控，安全第一。高度重视人身安全，把确保抢修现场人员生命安全放在首要位置，严格落实抢修现场安全措施布置、“十不干”等硬性要求。利用作业风险管控平台系统，每天实时掌握抢修情况。科学合理安排稽查力量，前往各抢修地点实行驻点跟班监督。公司领导亲自带队，前往各500千伏线路抢修作业现场，督导落实施工风险管控各项措施。

三、应急处置分析

（1）应急管理体系。一是筹措专项资金，重点开展基层市、县两级应急处置会商室和应急值班室建设。二是全面提升应急物资保障和队伍建设。合理布点地市公司应急物资仓库，编制市、县公司应急物资储备定额，优化应急物资调配方式。重点围绕“一专多能”，抓好技术技能培训，充实配电网运检队伍力量，全面提升公司应急保障能力。三是加大针对基层管理人员的应急培训力度，丰富完善应急培训内容，增强处置险情及辨别故障的能力，将实操培训和实战演练紧密结合，全面提升应对各类突发事件的应急处置能力。

（2）电网抗冰能力。一是动态修订完善湖北电网冰区分布图。根据本次灾害积累的数据，对输电线路覆冰设防水平进行校核，加强线路走廊区域微气象微地形资料的调查、收集，对湖北电网冰区分布图进行完善和补充。二是优化主网结构，增强设备主体抗冰能力。从冰区划分、耐张段设置、杆塔结构等方面入手，开展设计复核和抗冰改造，对历史舞动区域的重要电力设施和线路实行差异化设计，适当提高设防标准。三是开展微气象、微地形条件对配电网影响的专项研究。开展微气象条件对配电网影响的专项研究，加强导线覆冰观测，合理避开垭口、风口等不利微地形和微气象灾害区域。建立适应配电网的抗冰设计标准。四是开展输电线路抗冰能力评估，重点针对本轮恶劣天气中出现的融冰故障、微气象区及东西走向线路舞动等问题，开展技术分析，制定治理原则及治理项目。

（3）抗冰技术手段。一是加强覆冰观测站和在线监测装置的建设与应用。在重要输电走廊地区设立长期覆冰观测站点，微地形微气象等特殊区段安装在线监测装置。二是加大新技术手段应用力度。在线路覆冰初期根据实际情况有选择性、顺序性地开展融冰工作，降低线路冰灾故障风险，并全方位建立湖北电网抗冰灾体系，提高湖北电网的抗冰灾能力。

案例四　“6·1”东方之星客轮倾覆

一、应急救援过程

2015年6月1日21时32分，一艘载有458人的“东方之星”号客轮由南京开往重庆，当航行至湖北省荆州市监利县长江大马洲水道时突遇局部强对流天气翻沉。6月2日凌晨5时许，在获悉客轮翻沉事件相关信息后，国网湖北省电力有限公司（以下简称“公司”）于7时06分启动突发事件一级应急响应，要求国网荆州供电公司充分发挥共产党员服务队在应急抢险保供电中的突出作用，全力做好事故救援供电保障工作，副总经理杨光糯组织成立现场指挥部，亲自布置协调抢险救援各项工作。

6月2日，公司启动跨区应急支援机制，紧急派遣省送变电公司、武汉、宜昌、荆门、咸宁、孝感供电公司应急基干分队赶赴监利救援现场。荆州供电公司牵头成立临时指挥部，主动与政府指挥部沟通，及时掌握用电需求，严格执行“不间断”供电的要求，对应急救援和相关场所按“N-2”要求，重点单位按“N-1”方式保障可靠供电。救援现场共投入605人，车辆108台、移动照明灯塔3台、应急发电机48台、照明设备119台，分别对政府前沿指挥部、沉船现场、救援搜救码头、武警执勤点、遗体转运通道、政府、殡仪馆、高考考点等提供电力保障及应急照明；6月10日“东方

在东方之星旁搬运发电机

灯塔值守现场晚餐

在帐篷中休息

应急照明供应

巡查应急照明器材

搭设帐篷

之星”救援工作结束，事发客船拖离事发地点，现场指挥部、武警撤离码头，公司应急救援任务圆满完成。

为救援现场提供照明

应急电源车驰援现场

充电方舱为抢险官兵提供便利

紧急恢复配网供电

本次应急救援保电工作受到中央电视台、新华社、《人民日报》等媒体的高度关注和密集报道。央视新闻频道、国际频道分别以《110座灯塔照亮救援地》《电力工人连夜加班架设灯塔》等为题，对公司开展“东方之星”客轮翻沉救援供电保障工作进行了深入报道，充分彰显了国家电网“责任央企”的良好形象。

二、应急成效评估

成效

1. 快速响应积极应对

灾难发生后，公司及时启动突发事件一级应急响应，主要领导第一时间赶往救援现场指挥保电工作。公司应急办及时调集全省基干队伍、大型应急保电设备开展跨区支援。

2．应急会商统筹协调

充分发挥现场指挥部综合协调功能，明确各保电点联系负责人，坚持每日召开现场应急会商会议，主动与政府指挥部沟通，及时掌握用电需求，合理调配资源。

3．积极做好心理疏导

救援工作开展的同时，公司重视对救援现场员工身心健康的关注，组织开展心理疏导，强化后勤补给，保障一线人员以饱满的精神状态，安全高效地投入应急保电工作。

问题

1．社会救援事件应急处置能力不足

公司应急处置经验局限在电网受损事件上，对于突发社会公共安全事件处置重视不够、意识不强、经验积累不足，未充分考虑到公共突发事件政府处置要求，与政府及相关部门联动机制建立不到位。

2．完善应急装备配置及维护管理

公司应急队伍装备配置、管理不规范，突发事件下，装备使用率不高，日常维护保养工作有待加强。照明灯具、发电机均在救援现场出现损坏、无法使用的情况。

3．提升应急基干分队专业技能水平

救援保电现场，运用最多的是发电机、照明灯具，应急装备使用发生故障后，大部分的基干队员缺乏维护修理能力，依赖于厂家技术支持，未真正体现应急基干分队专业化的能力。

三、应急处置分析

1．常态化开展应急演练

在固化组织开展内部迎峰度夏（冬）应急演练的基础上，拓宽演练范围，丰富演练内容，加大与地方政府、部门或地市公司的协同演练，建立联动机制。通过综合性演练，尽可能地检验公司多个专项处置预案的合理性、可操作性，促进不同条件、环境下应急处置经验的积累，特别是应急指挥处置经验的积累。

2. 加大应急装备管理维护

全面梳理公司应急装备配置情况，特别是应急保电照明装备，建立台账体系，建立管理制度，明确管理职责、维护要求等细化措施，促进应急装备体系的标准化建设。针对装备配置情况，结合各类突发事件处置需求，合理购置中、大型应急装备，加大对公司应急装备维护保养力度，确保突发事件下内外均可兼顾。

3. 提升应急处置能力水平

对于应急基干分队队员专业知识的培训，不能仅限于对装备的使用培训，还应结合应急处置工作实际，进一步拓宽实战技能培训内容，特别是增加装备日常维护、故障判别、修复处理等实用化技能知识培训课程。适时组织开展基干分队的跨区联动拉动演练，模拟突发事件下集团化作业，增进队伍磨合，提升协同作战能力。

应急基干分队紧急铺设供电电缆

清理倒塌电线杆

恢复柱上变压器

图书在版编目（CIP）数据

电网企业应急救援与装备使用 / 国网湖北省电力有限公司安全监察部（应急管理部、保卫部），国网湖北省电力有限公司应急培训基地组编．—北京：中国电力出版社，2023.7

ISBN 978-7-5198-7912-9

Ⅰ．①电… Ⅱ．①国… ②国… Ⅲ．①电力工业—突发事件—救援—防护设备 Ⅳ．① TM08

中国国家版本馆 CIP 数据核字（2023）第 104790 号

出版发行：中国电力出版社
地　　址：北京市东城区北京站西街 19 号（邮政编码 100005）
网　　址：http://www.cepp.sgcc.com.cn
责任编辑：马淑范（010-63412397）
责任校对：黄　蓓　李　楠
装帧设计：王红柳
责任印制：杨晓东

印　刷：三河市航远印刷有限公司
版　次：2023 年 7 月第一版
印　次：2023 年 7 月北京第一次印刷
开　本：787 毫米 ×1092 毫米　16 开本
印　张：10.25
字　数：181 千字
定　价：58.00 元
